U0382725

“十三五”国家重点出版物出版规划项目

偏振成像探测技术学术丛书

光学遥感偏振成像全链路仿真

孙晓兵　刘　晓　黄红莲　涂碧海　易维宁　著

科学出版社

北　京

内 容 简 介

光学偏振遥感信息链路涉及地球大气-地表系统多个环节，来自地-气系统的光偏振辐射信息传输特性仿真是其性质参数反演和偏振遥感图像解译的重要研究内容。本书系统介绍作者及其研究团队在偏振遥感成像仿真领域的多年研究成果。全书分为6章，按照典型地物偏振特征、大气偏振辐射传输特性、遥感探测器仿真和偏振遥感信息链路仿真等介绍相应的仿真技术与方法。调研大气及典型地物偏振遥感应用研究状况，分析不同自然地物典型样品以及人工目标样品的实验情况，介绍大气矢量辐射传输特性及代表性算法和时序成像偏振探测器仿真，在综合考虑偏振遥感全链路信息传递过程的基础上，给出成像仿真过程、仿真相关评价和结果验证。

本书可供从事光学遥感理论、技术和实验研究的科技工作者和相关遥感、大气科学等专业高年级本科生与研究生参考。

图书在版编目（CIP）数据

光学遥感偏振成像全链路仿真 / 孙晓兵等著. —北京：科学出版社，2022.11

（偏振成像探测技术学术丛书）

“十三五”国家重点出版物出版规划项目 国家出版基金项目

ISBN 978-7-03-073921-6

Ⅰ. ①光… Ⅱ. ①孙… Ⅲ. ①光学遥感-偏振光-成像处理-仿真 Ⅳ. ①TP751

中国版本图书馆 CIP 数据核字（2022）第 224936 号

责任编辑：姚庆爽 / 责任校对：崔向琳

责任印制：师艳茹 / 封面设计：陈 敬

科学出版社 出版

北京东黄城根北街 16 号

邮政编码：100717

http://www.sciencep.com

中国科学院印刷厂印刷

科学出版社发行 各地新华书店经销

*

2022 年 11 月第 一 版 开本：720 × 1000 B5

2022 年 11 月第一次印刷 印张：11

字数：215 000

定价：118.00 元

（如有印装质量问题，我社负责调换）

“偏振成像探测技术学术丛书”编委会

“偏振成像探测技术学术丛书”序

信息化时代的大部分信息来自图像，而目前的图像信息大都基于强度图像，不可避免地存在因观测对象与背景强度对比度低而“认不清”，受大气衰减、散射等影响而“看不远”，因人为或自然进化引起两个物体相似度高而“辨不出”等难题。挖掘新的信息维度，提高光学图像信噪比，成为探测技术的一项迫切任务，偏振成像技术就此诞生。

我们知道，电磁场是一个横波、一个矢量场。人们通过相机来探测光波电场的强度，实现影像成像；通过光谱仪来探测光波电场的波长(频率)，开展物体材质分析；通过多普勒测速仪来探测光的位相，进行速度探测；通过偏振来表征光波电场振动方向的物理量，许多人造目标与背景的反射、散射、辐射光场具有与背景不同的偏振特性，如果能够捕捉到图像的偏振信息，则有助于提高目标的识别能力。偏振成像就是获取目标二维空间光强分布，以及偏振特性分布的新型光电成像技术。

偏振是独立于强度的又一维度的光学信息。这意味着偏振成像在传统强度成像基础上增加了偏振信息维度，信息维度的增加使其具有传统强度成像无法比拟的独特优势。

(1) 鉴于人造目标与自然背景偏振特性差异明显的特性，偏振成像具有从复杂背景中凸显目标的优势。

(2) 鉴于偏振信息具有在散射介质中特性保持能力比强度散射更强的特点，偏振成像具有在恶劣环境中穿透烟雾、增加作用距离的优势。

(3) 鉴于偏振是独立于强度和光谱的光学信息维度的特性，偏振成像具有在隐藏、伪装、隐身中辨别真伪的优势。

因此，偏振成像探测作为一项新兴的前沿技术，有望破解特定情况下光学成像“认不清”“看不远”“辨不出”的难题，提高对目标的探测识别能力，促进人们更好地认识世界。

世界主要国家都高度重视偏振成像技术的发展，纷纷把发展偏振成像技术作为探测技术的重要发展方向。

近年来，国家 973 计划、863 计划、国家自然科学基金重大项目等，对我国偏振成像研究与应用给予了强有力的支持。我国相关领域取得了长足的进步，涌现出一批具有世界水平的理论研究成果，突破了一系列关键技术，培育了大批富有创新意识和创新能力的人才，开展了越来越多的应用探索。

“偏振成像探测技术学术丛书”是科学出版社在长期跟踪我国科技发展前沿，广泛征求专家意见的基础上，经过长期考察、反复论证后组织出版的。一方面，丛书汇集了本学科研究人员关于偏振特性产生、传输、获取、处理、解译、应用方面的系列研究成果，是众多学科交叉互促的结晶；另一方面，丛书还是一个开放的出版平台，将为我国偏振成像探测的发展提供交流和出版服务。

我相信这套丛书的出版，必将对推动我国偏振成像研究的深入开展起到引领性、示范性的作用，在人才培养、关键技术突破、应用示范等方面发挥显著的推进作用。

王家骐

二〇一九年十一月廿八日

前　言

太阳光入射地球，与大气-地表相互作用，出射辐射具有一定程度偏振变化，这种偏振态的变化与地气性质密切相关，是光学偏振遥感的基本科学依据。然而，被动遥感的太阳光源入射地-气系统，光辐射的信息传递过程复杂，开展太阳光源-地气耦合系统-遥感探测器的偏振成像全链路仿真，有助于偏振遥感理论研究，并为地表观测和大气探测提供偏振辐射传输正演分析支持。据此，总结偏振遥感研究团队涉及地物偏振特性实验、大气偏振特性仿真、偏振探测器成像模型构建和偏振遥感全链路仿真技术与方法研究等方面成果，整理形成本书。

全书策划为 6 章：第 1 章综述光学偏振遥感研究状况，介绍国内外相关团队的研究发展趋势，简要介绍大气、水体、陆表自然目标和人工目标等偏振探测情况。第 2 章在对地遥感领域，描述用于目标光学特性分析和目标偏振建模的偏振二向反射分布特性函数，列举可用于土壤、植被和水体等偏振反射特性表征的典型偏振特性模型，开展水体、土壤和植被等自然地物典型样品以及典型人工目标样品的偏振探测实验分析，介绍基于图像分类和基于三维几何光照模型的地物场景成像仿真技术及方法。第 3 章介绍大气偏振辐射传输特性及模型求解，还有相关代表性算法实现，并在给定的大气气溶胶仿真参数条件下，给出海气耦合的大气辐射传输过程的 Stokes 参数 I、Q、U 以及偏振度 P 的仿真结果。第 4 章结合典型超广角分时偏振成像遥感探测器，介绍涉及大视场几何、偏振和辐射等偏振成像模型，给出偏振测量、辐射测量和偏振测量通道像元补偿等的实验验证结果。第 5 章分析地物二向偏振反射特性和大气特性的偏振敏感性，以及太阳照明和观测几何条件对大气层顶表观偏振辐射反射率的影响，介绍基于经典方法和基于 Mueller 矩阵的目标背景-大气-成像探测的偏振辐射成像仿真，构建偏振成像全链路仿真模型，研发偏振成像遥感全过程仿真软件。第 6 章采用地面、航空偏振辐射探测数据，仿真研究不同大气和几何条件下的陆表和海表偏振辐射成像特征，提出偏振成像全链路仿真效果评价方法，对仿真和实测结果进行对比验证，检验了偏振成像全链路仿真的有效性。

本书得到国家重点基础研究发展计划项目子课题、国家高技术研究发展计划项目、国家国防科工局民用航天研究项目、国家自然科学基金项目的资助，特此致谢。

本书是作者所在科研团队集体研究成果的结晶，团队承担了多个相关项目，对参与项目工作的同仁辛勤付出和贡献表示衷心感谢；对在项目研究中做出重要贡献的博士和硕士研究生表示衷心感谢，他们是：杨敏、钱鸿鹄、王涵、提汝芳。

鉴于作者水平有限，书中疏漏之处在所难免，恳请读者批评指正。

作　者

2022 年 9 月

目　录

第1章　光学偏振遥感综述

1.1　光学偏振遥感原理

偏振是光的固有特性之一。地球表面和大气中的任何目标物在与光相互作用过程中，由于目标物的表面状态、材料类型、含水量等以及光入射角度的不同，会产生其自身性质决定的出射辐射特征偏振，即光的偏振状态变化包含了这些作用对象的物理状态信息。由于传统光辐射遥感探测只考虑了电磁波的辐射强度特性和空间几何特性，而偏振遥感探测参量是对电磁波的辐射强度、方向、相位以及偏振状态等波谱特性进行描述，是传统光辐射遥感探测的一个有益补充，将信息量从三维空间(光强、光谱和空间)扩充到七维空间(光强、光谱、空间、偏振度、偏振方位角、偏振椭率和旋转方向)，有助于提高目标探测和地物识别的准确度[1]，故光学偏振遥感探测日益受到关注。

完整描述光波偏振态的方法有四种[2]：三角函数表示法、琼斯矢量表示法、斯托克斯(Stokes)矢量表示法、庞加莱(Poincaré)球表示法[3]。1852 年 Stokes 提出用 4 个 Stokes 参量来描述任一光波的强度和偏振态的 Stokes 矢量表示法。被描述的光波可以是完全偏振光、部分偏振光和自然光，并且这 4 个 Stokes 参量都是光强的时间平均值，能够直接测量，故在遥感探测过程中多用 Stokes 矢量表示法。Stokes 矢量定义如下：

$$\boldsymbol{S}=\begin{bmatrix} I=\left\langle E_x^2(t)\right\rangle+\left\langle E_y^2(t)\right\rangle \\ Q=\left\langle E_x^2(t)\right\rangle-\left\langle E_y^2(t)\right\rangle \\ U=2\left\langle E_x^2(t)\right\rangle\left\langle E_y^2(t)\right\rangle\cos\left(\delta_y(t)-\delta_x(t)\right) \\ V=2\left\langle E_x^2(t)\right\rangle\left\langle E_y^2(t)\right\rangle\sin\left(\delta_y(t)-\delta_x(t)\right) \end{bmatrix}=\begin{bmatrix} I=I_{0^\circ}+I_{90^\circ}=I_{45^\circ}+I_{-45^\circ} \\ Q=I_{0^\circ}-I_{90^\circ} \\ U=I_{45^\circ}-I_{-45^\circ} \\ V=I_{\mathrm{r}}-I_{\mathrm{l}} \end{bmatrix} \tag{1.1}$$

式中，$E_x(t)$、$E_y(t)$、$\delta_x(t)$、$\delta_y(t)$分别表示在x和y方向上电场的振幅和相位；$\langle\ \rangle$表示求电场强度的时间平均值；I_{0°、I_{90°、I_{45°、I_{-45°、I_{r}和I_{l}分别表示放置在光波传播路径上一理想偏振片在 0°、90°、45°、−45°检偏方向上的线偏振光以及右旋(r)和左旋(l)圆偏振光强。

当光波与物质相互作用时，出射光波的 Stokes 矢量与入射光波呈线性函数关系，即

$$\boldsymbol{S}_{\text{out}} = \boldsymbol{M} \times \boldsymbol{S}_{\text{in}} \tag{1.2}$$

式中，$\boldsymbol{M}$ 是一个 4×4 阶矩阵，表示这种物质的特性及取向，称作缪勒(Mueller)矩阵。当一束光逐次通过一连串 N 个装置(光学系统)作用时，总的组合效果由以下缪勒矩阵来描述：

$$\boldsymbol{M}_{\text{comb}} = \boldsymbol{M}_N \boldsymbol{M}_{N-1} \cdots \boldsymbol{M}_2 \boldsymbol{M}_1 \tag{1.3}$$

同样，光的偏振度 P、偏振角 θ 以及椭率角 ε 的定义分别为

$$P = \frac{\left(Q^2 + U^2 + V^2\right)^{1/2}}{I} \tag{1.4}$$

$$\theta = \frac{1}{2}\arctan\left(\frac{U}{Q}\right) \tag{1.5}$$

$$\varepsilon = \frac{1}{2}\arctan = \frac{V}{\sqrt{Q^2 + U^2}} \tag{1.6}$$

光学偏振测量系统一般都包括相位延迟器和线偏振器两种基本元件，根据不同检偏方向光的强度值，可以求出目标表面反射光的 Stokes 矢量，从而反演出介质的表面状态和物理、化学性质，此即偏振遥感的理论基础。

1.2 偏振遥感历史与现状

国内外关于偏振遥感的研究主要集中在三个方面：偏振遥感仪器、目标偏振特征和偏振信息处理。

1.2.1 国外相关研究进展

仪器的研究是偏振遥感的基础。国内外各科研机构根据需要研制了不同类型的仪器，早期的仪器是通过偏振片和 1/4 波片的组合来实现的，缺点是需要机械传动装置，效率和精度比较低，后来运用光栅或液晶结构进行了改进。总体来看，偏振遥感仪器的发展还不成熟，需要进一步研究改善。

此外，为了提高仪器探测效率，以色列的研究人员指出了偏振仪器中利用机械传动装置控制偏振片的缺点，测试了可以提高转换速度的液晶偏振片，取得了较好的效果[4]。美国西北大学利用光栅和分光系统代替偏振片，研制了一种全息 Stokes 偏振计，偏振测量装置示意图如图 1.1 所示[5]，可以有效提高测试效率和精度。

偏振遥感实验研究表明，在热红外波段利用偏振成像可以有效抑制背景影响，提高目标探测效率。纽约大学对飞机以及军事伪装车辆进行偏振特性研究，结果

显示偏振度受波长影响很小，受探测方位角影响很大；自然背景如沙滩和林地的偏振度较低，相比之下偏振度较大的军事目标在偏振图像中非常明显。美国陆军利用自主研制的偏振成像仪采集了野外数据，实验发现植被因为随机分布没有偏振散射的取向性，而人造目标却显示出比较一致的偏振取向，可以用偏振角度图像有效地识别。偏振遥感在军事上的应用方兴未艾，目前已经在许多方面显示出独特优势。许多相关科研机构进行大量投入来研究目标和背景偏振特征，为偏振遥感的实际应用做准备。

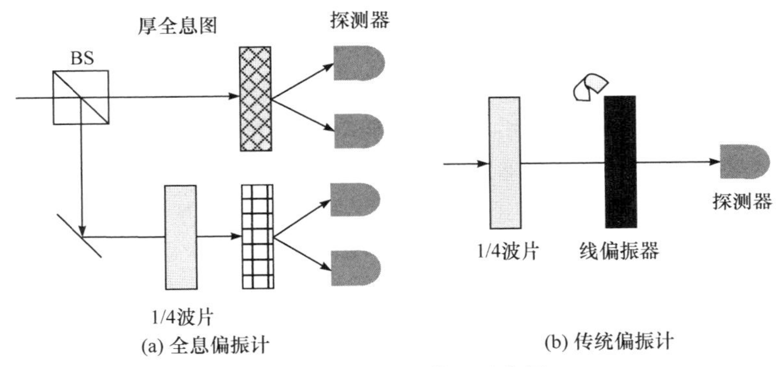

图 1.1　偏振测量装置示意图

1.2.2　国内相关研究进展

中国科学院合肥物质科学研究院安徽光学精密机械研究所(以下简称安光所)研制了机载多波段偏振电荷耦合器件(charge coupled device，CCD)相机样机，采用的是固定偏振片(三块偏振片的透过轴方位相差 60°)和旋转滤光片轮结构。通过测试三个不同检偏方向上的光强度，计算 Stokes 参量中的 I、Q、U 三个参数。该偏振遥感系统采用三个科学级 CCD 相机分别输出三个偏振方向的图像数据，通过步进电机带动滤光片轮旋转进行波段切换[6]，这要求三个相机的视场要精确控制在同一个目标上。当然，也可以采用单个相机，利用旋转偏振片的方式进行数据采集，这就要求精确控制偏振片的旋转角度。

中国科学院上海技术物理研究所研制了六通道可见红外偏振计，该仪器增加了圆偏振测量功能，可得到全偏振参数。六个通道各有独立的光学系统，视场角 1°，能够同时对同一个目标进行观测。光谱通道范围是 0.67～2.15μm，波段宽度 0.03～0.12μm[7]。

1.3　光学遥感偏振探测系统介绍

偏振探测成像系统是成像技术、光谱探测技术和偏振探测技术的有机结合，可以获取目标的数据立方体，即在二维空间上每一点的偏振特性以及光谱特性。传统的偏振光谱成像技术有波长扫描法(单独获取每个波长位置的偏振图像)和空间扫描法(单独获取一维空间上的偏振光谱曲线)。近年来，为适应遥感探测领域的集约化发展趋势，该领域备受国内外相关科研人员的关注，新型的偏振成像光谱探测技术方案不断问世。

1.3.1 非成像偏振探测系统

安光所研制的航空多角度偏振辐射计(aviation multi-angle polarimetric radiometer，AMPR)采用多光谱分孔径的强度/偏振辐射同步观测模式，是一种系统误差可忽略不计的新型遥感偏振探测仪器，用于抑制偏振测量的系统误差和随机误差，实现高精度测量；同时，可以对现有的其他偏振仪器和偏振光源的精确度进行检测和评估，测量波段覆盖可见至短波红外波段。

安光所设计了新型的无系统偏振误差的高精度线偏振辐射计(high precision polarization radiator，HPR)。舍弃同时性的追求，采用共光路和共同探测器设计实现多光谱和多偏振通道测量，保证了各个偏振探测通道完全的一致性，不存在异光路引起的系统误差，因此不需要偏振定标，原理如图 1.2 所示。

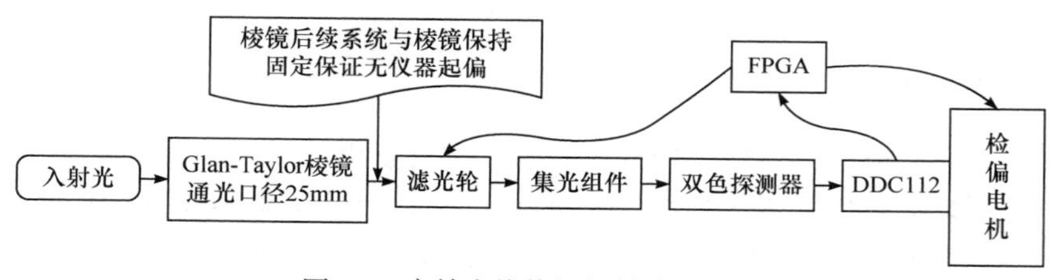

图 1.2 高精度线偏振辐射计原理图

1.3.2 成像偏振探测系统

偏振成像的研究始于 20 世纪 70 年代，美国、法国、英国、瑞典、荷兰等西方发达国家在这方面进行了大量的研究。随着各国对偏振光探测技术研究的不断深入，偏振光成像探测系统开始向体积小、成本低、精度高和适用范围广等方向高速发展。从偏振光探测设备类型和结构方面，可将成像偏振探测系统分为以下几类。

1. 分时型成像偏振探测系统

分时型成像偏振探测系统包括机械旋转型和电控液晶型两种。机械旋转型，通过旋转偏振片，获得不同角度的偏振信息，需要运动部件进行偏振时序测量。法国已研制了机械旋转分时型偏振仪器(Polarization and Directionality of the

Earth's Reflectances，POLDER)，主要目的是探测云和大气气溶胶以及陆地表面和海洋状况。POLDER 于 1996 年由日本 ADEOS 卫星携带进入空间轨道运行。2002 年 12 月 14 日，POLDER-Ⅱ再次搭载日本的 ADEOS-2 卫星发射升空，并于 2003 年 2 月首次发回了光谱偏振卫星图像数据。自 1999 年起，法国国家空间研究中心(CNES)还开始了源于 POLDER 的 PARASOL 仪器的基础研究，并于 2004 年 12 月 18 日在法属圭亚那发射升空。利用获取的数据进行了大气偏振特性研究以及大气气溶胶粒子反演，主要用于大气科学研究和气象灾害预警。美国哥伦比亚大学、以色列工业大学等机构在相关部门资助下，开展了偏振光成像探测雾中目标的研究，研制了分时型可见光波段偏振相机，根据大气散射辐射是部分偏振的特性，发展了基于大气偏振特性的目标清晰化方法。

2. 分振幅型成像偏振探测系统

美国 SpecTIR 公司研制的偏振光谱仪，有 9 个光谱偏振通道，用其进行了地面验证试验及航空飞行试验，获取了超过 100h 的偏振扫描成像数据，主要用于陆地和海洋上空气溶胶光学特性和微物理特性研究。该类设备结构复杂、体积大，不符合轻小型化应用需求。美国的气溶胶偏振测量仪(Aerosol Polarimetry Sensor，APS)采用沃拉斯顿棱镜实现偏振分光，采用 36 个探测单元，可同时获取目标 9 个波段(443～2250nm)、4 个检偏方向的光谱偏振信息[8]。图 1.3 为 APS 的整机实物图和光学系统布局示意图，图 1.4 则给出了探测系统布局。APS 是一种扫描型的偏振探测系统，相比于面阵型成像系统，它消除了多路信息分时获取带来的观测误差，更容易实现在轨偏振定标和多角度探测，由于采用了单元探测器，其探测波段范围更广，并且在反演大气特性参数时精度得到提高[9-11]。

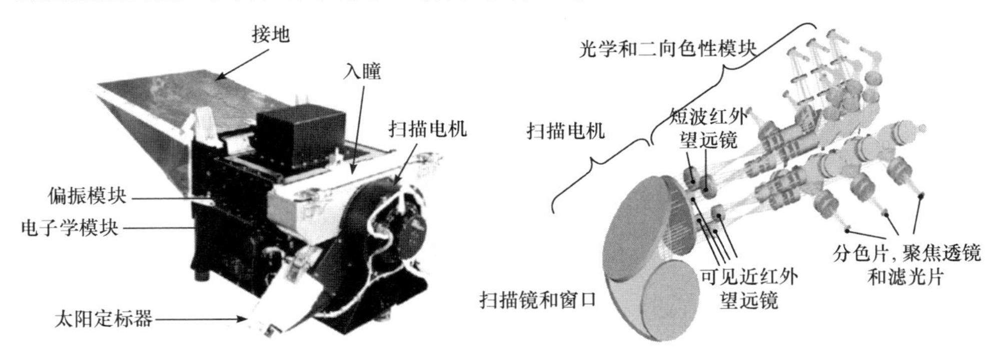

图 1.3　APS 整机实物图和光学系统布局示意图

3. 分波前型成像偏振探测系统

分波前型成像偏振探测系统又叫分孔径型成像偏振探测系统，采用多光路、

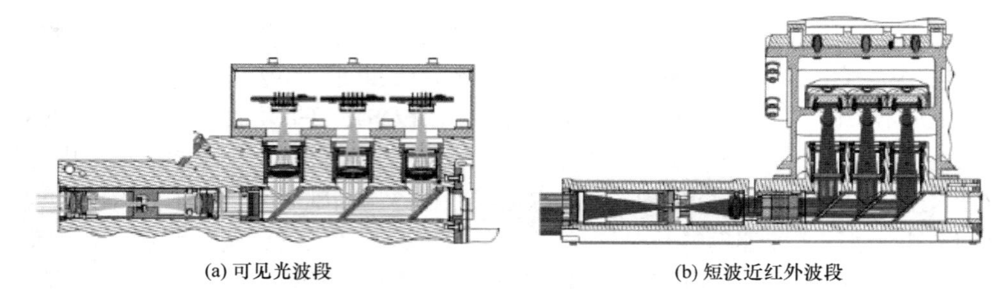

(a) 可见光波段　　(b) 短波近红外波段

图 1.4　探测系统布局示意图

单探测器结构，可实时获取偏振信息。2008 年美国陆军研究发展工程中心(ARDEC)下属的精确武器实验室(PAL)、洛克希德·马丁公司先进技术中心等进行了仪器性能测试。

4. 分焦平面型成像偏振探测系统

分焦平面型成像偏振探测系统采用单光路、单探测器结构，能够实时获取偏振信息。2008 年，美国在红石兵工厂进行了红外线偏振成像实时探测试验；2010 年，美国华盛顿大学相关团队为了研究材料的偏振特性，设计了一种新型的偏振探测器件，中心波长为 550nm，该探测系统将偏振元件集成到互补金属氧化物半导体(complementary metal oxide semiconductor，CMOS)焦平面探测器阵列上，并且划分为 1000×1000 个微小单元，每相邻的四个单元偏振方向分别为 0°、45°、90°和 135°，并组成一组，实现偏振信息探测[12]。美国华盛顿大学研制的分焦平面探测器原理图如图 1.5 所示。

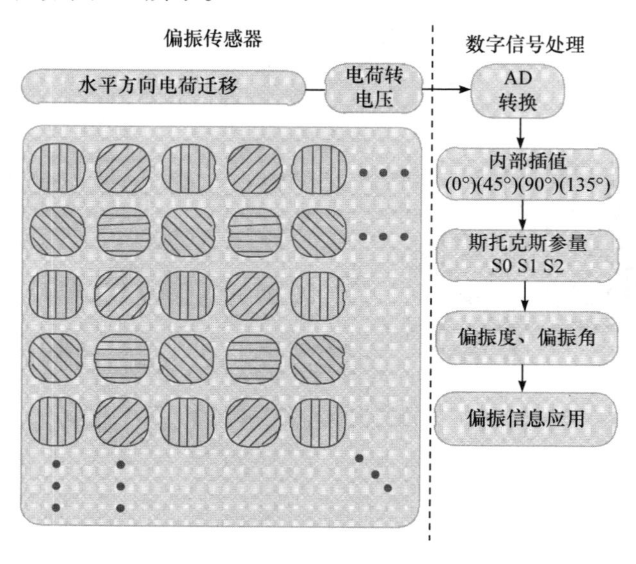

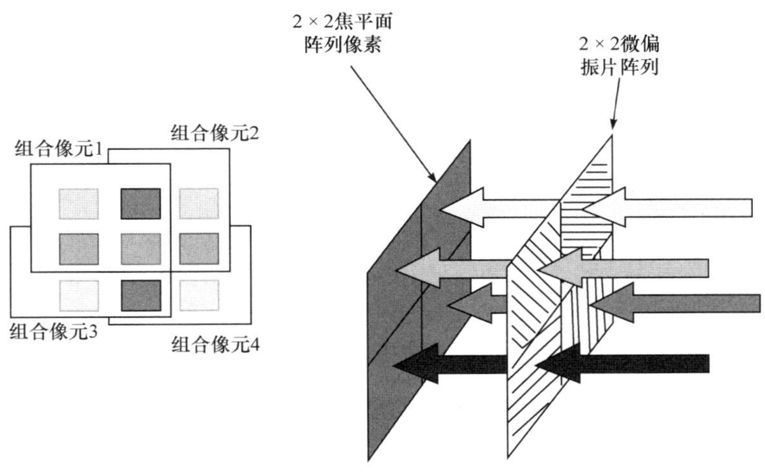

图 1.5　美国华盛顿大学研制的分焦平面探测器原理图

2012 年，美国赖特 · 帕特森空军基地报道了美国空军研究实验室(AFRL)正在开发基于圆偏振光栅的偏振成像技术。这种光栅能够同时获得圆偏振和线偏振光。报道重点指出了此项技术的应用方向：能够增强“穿透云雾看穿战场”的能力。基于该方法的宽波段全偏振实时成像技术和系统有着巨大的应用潜力。

5. 通道调制型成像偏振探测系统

通道调制型成像偏振探测系统采用单光路、单探测器结构，能够获取全偏振参量，并能够实时成像。2008 年，美国实现了单波长全偏振成像；2010/2011 年研制出基于反射/透射结构的可见光全偏振成像原理样机；2011 年突破了单波长全偏振探测的技术瓶颈，实现了窄波段全偏振参量的实时获取。2011 年，美国进行了一种新型的偏振成像探测机理研究，即基于宽带偏振光栅的白光通道型偏振成像。通道型线性成像系统(channeled linear imaging，CLI)使用偏振光栅(polarization grating，PG)可以测量在室外条件下的二维空间 Stokes 参数分布，这将有利于较好地获取有效的 Stokes 参数分布，从而提高偏振成像目标探测的图像质量，以及为后续的图像融合处理做好准备。

6. 像元耦合型成像偏振探测系统

1998 年，美国阿拉巴马汉茨维尔大学电气和计算机工程系的 Nordin、Deguzman 等设计并制作了用于偏振光探测的亚波长偏振光栅阵列，光栅周期 475nm、高度 200nm，光栅材料为钼，并成功应用于实时偏振光探测。2002 年，美国康奈尔大学 Hamett 和 Craighead 设计制作了由微型液晶元件组成的微偏振片阵列，并成功用于偏振差异成像。2005 年，宾夕法尼亚大学的 Wu Kejia 设计制作了用于偏振光探测的聚合物薄膜的微偏振片阵列，之后 Lazarus 在 Wu Kejia 工作的基础上，将微偏振片阵列成功应用于偏振光探测。

1.4 偏振遥感应用研究现状

偏振成像探测技术与强度成像、光谱成像、红外辐射成像等技术相比，具有独特的优势：除了获取传统成像信息外，还能够额外获取偏振多维信息。因此对于偏振成像探测技术，国内外在不同领域、不同方向、不同层次都开展了相对广泛的研究，涵盖了光学遥感和地球物理、大气及云层探测、水下探测、军事目标探测等方面。

1.4.1 大气偏振探测

利用偏振遥感技术探测大气可以得到云层的分布、种类及气溶胶粒子的尺寸等参数，弥补了传统遥感在大气探测中的不足。Egan 等对大西洋上空的浮尘进行了偏振测量，得出了浮尘的复折射系数和密度。

美国的地球观测扫描偏振仪(earth observing scanning polarimeter，EOSP)和法国的 POLDER 是进行大气研究的代表仪器。EOSP 的 12 个探测通道全部具有偏振分析功能，可提供气溶胶分布和云层的状态等特性；而 POLDER 有 3 个偏振探测通道，用以测量全球大气云和气溶胶等信息[13-15]。

1.4.2 水体偏振探测

偏振探测对于水下目标成像具有独特的优势。加拿大和法国的科研人员利用偏振激光雷达研究了水下消偏振因素和散射体之间的关系[16]，结果表明沙子具有强烈的消偏振效应，但是对于很薄的覆盖层，偏振探测能够确定被覆盖目标的位置。金属目标生锈使消偏振能力迅速增加，这在水下探测中是个很有用的特征。美国哥伦比亚大学通过研究发现，水下偏振信息受传播介质的影响很大，在低散射介质中圆偏振光有很好的成像效果，但是在高散射介质中变差[17]。

德国科学家 Harsdorf 等利用奥登堡大学开发的水下激光雷达，在研究水下目标的光学图像对比度增强的过程中，同时采用了距离选通方法和偏振技术[18]。

以色列科学家 Karpel 等[19]利用线偏振技术获得了两幅偏振方向正交的图像，然后经过处理，很好地消除了水体散射的影响。处理后不仅有效地去除了散射光，而且目标的细节和颜色都得到了增强。

美国哥伦比亚大学研制了水下偏振测量系统，研究结果证实圆偏振光的记忆效应能够极大地提高图像的对比度，仪器采用 633nm 激光光源，光斑直径 2cm，利用一个 CCD 相机接收散射光，通过一个可调节的波片和偏振片来控制偏振光的状态，如图 1.6 所示。

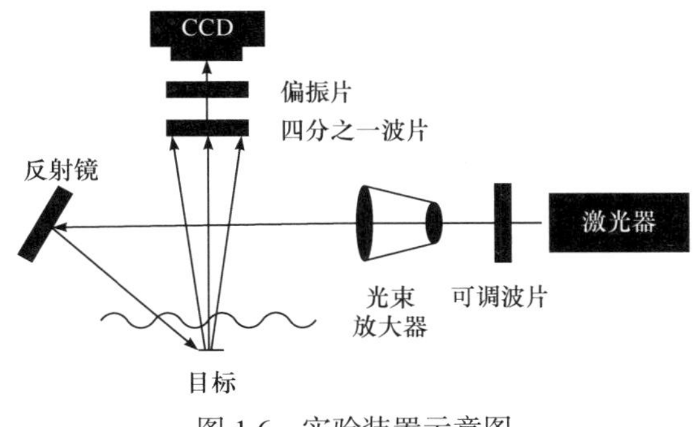

图 1.6　实验装置示意图

1.4.3　陆表自然目标偏振探测

偏振信息与地物表面状态密切相关。科研人员研究了植被和土壤等不同背景的偏振反射特征，指出树叶的偏振反射数据包含了表面和内部的结构信息，而且与树叶中的水分含量相关[20]。在热红外波段，植被和土壤背景的偏振度很小，而人工目标的偏振度普遍较大，在偏振图像中可以清楚地识别出来[21]。美国海军对不同反射率的粗糙表面开展了偏振测量试验，发现低反射率表面的偏振度更高[22]。另外，偏振度还是湿度的敏感指示器，湿度增大或电导率较高时，材料表面散射时将产生圆偏振分量，具有双折射性质的材料也能产生圆偏振。

1.4.4　人工目标偏振探测

美国空军研究实验室对涂覆了军用油漆的铝板作了偏振检测，发现目标偏振度与表面反射率呈反向变化关系，在一定入射角范围内，偏振度与入射角度呈正向变化关系[23]。

美国陆军研究实验室、空军研究实验室和亚利桑那大学在 2008 年对不同材质目标进行了红外偏振成像实验的研究[24]，验证不同目标材质会对偏振成像效果产生的影响。实验过程中将不同材料的防水布、不同金属和电介质板块等设置为目标，草地设置为背景，开展偏振成像实验，用于目标及背景的偏振特性测试分析。实验结果表明：军事上常用的人造目标与自然背景偏振特性存在着明显的差异，因此可以区分不同目标及背景，如图 1.7 所示。

Thales 实验研究中心根据 Kubelka-Munk 理论建立了模型描述涂层的散射特性，模型同时把面散射和体散射考虑进来，利用表面参数如粗糙度、反射率、散射系数得出涂层消偏振效应的预测模型，实验验证模型和实测结果符合得很好[25]。

(a) 真彩色目标图像 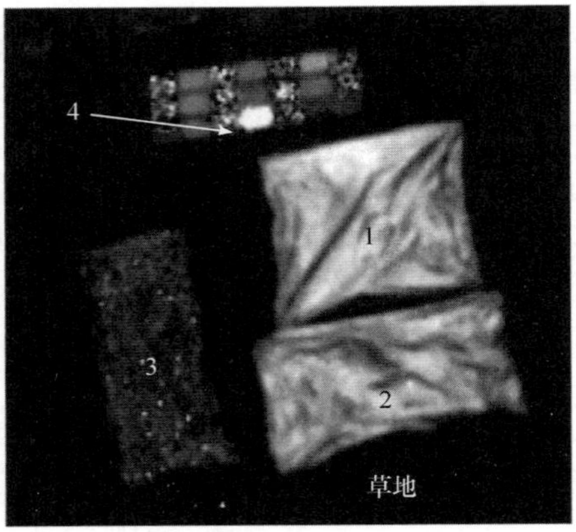　　(b) 红外偏振的线偏振度(DoLP)图像

图 1.7　不同材质目标的红外偏振成像示意图

第 2 章　典型地物偏振特征

2.1　偏振二向反射分布特性

2.1.1　概念

在描述地物目标的反射特性时，除了光的强度之外，偏振也是一个不容忽视的参量。在宏观研究中，地球上的大多数地物目标的结构尺寸远大于入射光波长，那么可以采用几何光学来表征地物目标的反射特征。由于大部分地物目标的表面都呈现不均匀分布，可以将其看做一系列的微小面元，且每个微面元都是一个相对光滑的表面。在这样的假设下，任何地物目标都会有反射的存在，可以通过菲涅耳反射理论来解释其表面的反射信息。图 2.1 为待测目标表面上反射光几何关系图。

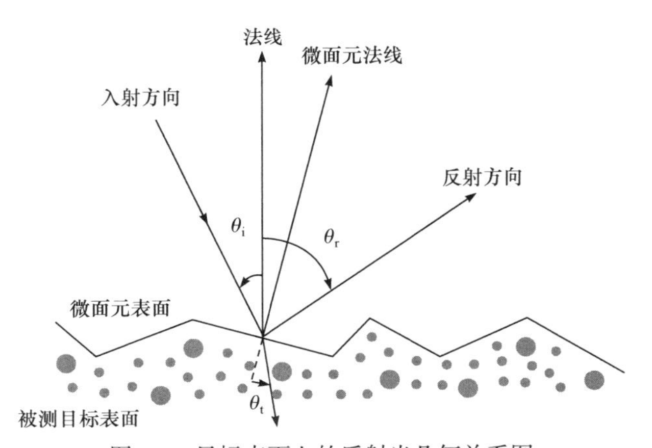

图 2.1　目标表面上的反射光几何关系图

当一束无偏光照射到地物目标表面后，会伴随有反射和折射的产生。其中，折射角可用图 2.1 中的 θ_t 表示。入射方向的无偏光可以通过两个相互正交的电矢量振幅来表示：垂直方向 $E_{\perp}^{i}$ 与平行方向 $E_{//}^{i}$ 。两个相互正交方向的确定是以入射面作为参考的，入射面是指入射方向与法线(如图 2.1 中的法线)形成的平面。对应反射方向上的光可以表示为 $E_{\perp}^{r}$ 和 $E_{//}^{r}$ 。当入射光与地物目标表面在相互作用后，反射光与入射光的电矢量振幅关系可采用下式表示：

$$E_{\perp}^{\mathrm{r}}=-\frac{\sin(\theta_{\mathrm{i}}-\theta_{\mathrm{r}})}{\sin(\theta_{\mathrm{i}}+\theta_{\mathrm{r}})}E_{\perp}^{\mathrm{i}} \tag{2.1}$$

$$E_{//}^{\mathrm{r}}=\frac{\tan(\theta_{\mathrm{i}}-\theta_{\mathrm{r}})}{\tan(\theta_{\mathrm{i}}+\theta_{\mathrm{r}})}E_{//}^{\mathrm{i}} \tag{2.2}$$

将式(2.1)和式(2.2)联立，可求解出反射与入射光在平行方向上的电矢量振幅比值为

$$\frac{E_{//}^{\mathrm{r}}}{E_{//}^{\mathrm{i}}}=\frac{E_{\perp}^{\mathrm{r}}}{E_{\perp}^{\mathrm{i}}}\frac{\left|\cos(\theta_{\mathrm{i}}+\theta_{r})\right|}{\cos(\theta_{\mathrm{i}}-\theta_{r})} \tag{2.3}$$

由式(2.3)可以发现，当光垂直入射到地物目标表面，也就是入射角 $\theta_{\mathrm{i}}=0°$时，公式左右两侧相等。如式(2.4)所示：

$$\frac{E_{//}^{\mathrm{r}}}{E_{//}^{\mathrm{i}}}=\frac{E_{\perp}^{\mathrm{r}}}{E_{\perp}^{\mathrm{i}}} \tag{2.4}$$

在这种条件下，可认为反射光为无偏光。如果入射光以一定的倾斜角度入射到地物目标表面，即 $0°<\theta_{\mathrm{i}}<90°$时，式(2.3)的右侧可表示为

$$\left|\cos(\theta_{\mathrm{i}}+\theta_{\mathrm{t}})\right|<\cos(\theta_{\mathrm{i}}-\theta_{\mathrm{t}}) \tag{2.5}$$

因此，平行分量与垂直分量的关系为

$$\frac{E_{//}^{\mathrm{r}}}{E_{//}^{\mathrm{i}}}<\frac{E_{\perp}^{\mathrm{r}}}{E_{\perp}^{\mathrm{i}}} \tag{2.6}$$

由式(2.6)可以发现，当自然光倾斜照射到地物目标表面后，反射光与入射光的垂直分量比值总大于其平行分量比值。同时，垂直分量与平行分量是相互正交的，且在数值上不相等，结合偏振产生的定义，反射光是偏振的。依据这样的基本理论，偏振信息在目标反射特性中是不容忽略的一部分。

在光学遥感的研究中，常选取反射率作为表征目标表面反射辐射特性的参数。而在偏振探测时，目标表面的偏振特性常用偏振反射率和偏振度来描述。反射率、偏振反射率和偏振度三者既有区别又相互联系。除此之外，还有描述多角度反射特性的双向反射分布函数和双向偏振反射分布函数。因此，在研究目标表面的反射特性时，需要灵活地选择合适的参数。

目标表面的反射率定义为反射辐亮度与入射辐照度之间的比值，用式(2.7)表示如下：

$$R(\lambda)=\frac{\mathrm{d}L(\lambda)}{\mathrm{d}E(\lambda)} \tag{2.7}$$

偏振反射率表征的是总反射率中的偏振部分，即反射辐亮度中偏振分量与入射辐照度之间的关系，表示为

$$R_{\mathrm{P}}(\lambda)=\frac{\mathrm{d}L_{\mathrm{P}}(\lambda)}{\mathrm{d}E(\lambda)} \tag{2.8}$$

而目标表面偏振度是一个相对量，与入射条件无关，表征的是反射辐亮度中偏振分量与总的反射辐亮度之间的比值，即

$$P(\lambda)=\frac{\mathrm{d}L_{\mathrm{P}}(\lambda)}{\mathrm{d}L(\lambda)} \tag{2.9}$$

用 Stokes 参数表示为

$$P=\frac{\sqrt{Q^2+U^2}}{I} \tag{2.10}$$

偏振度是一个相对量，与光辐射通量的绝对大小无关。因此，即使没有对测量仪器进行绝对辐射定标也能测出准确的偏振度。

在近地面观测中，反射率、偏振反射率与偏振度三者之间的关系为

$$P=R_{\mathrm{P}}/R \quad 或 \quad R_{\mathrm{P}}=RP \tag{2.11}$$

不管是反射率还是偏振反射率抑或是偏振度，它们描述的都是特定方向上的反射情况，要想完整描述整个目标表面的多角度反射特性和偏振特性，还需要借助二向反射分布函数(BRDF)和偏振二向反射分布函数(BPDF)。

BRDF 描述了目标对太阳辐射的反射和散射能力在 2π 空间的变化分布规律。目标的双向反射特性不仅与入射波长有关，还与入射、反射的几何位置密切相关。由于目标的反射辐射中包含着与目标表面的结构特征及物质组成成分密不可分的信息，研究目标的双向反射分布函数对反演目标的空间结构至关重要。BRDF 几何关系示意图如图 2.2 所示。

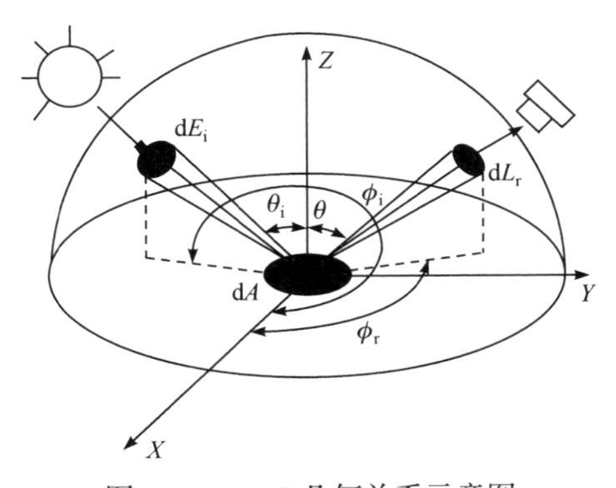

图 2.2　BRDF 几何关系示意图

目标的双向反射分布函数可以用式(2.12)表示如下：

$$f_{\mathrm{r}}(\theta_{\mathrm{i}},\phi_{\mathrm{i}};\theta_{\mathrm{r}},\phi_{\mathrm{r}};\lambda)=\frac{\mathrm{d}L_{\mathrm{r}}(\theta_{\mathrm{i}},\phi_{\mathrm{i}};\theta_{\mathrm{r}},\phi_{\mathrm{r}};\lambda)}{\mathrm{d}E_{\mathrm{i}}(\theta_{\mathrm{i}},\phi_{\mathrm{i}};\lambda)} \tag{2.12}$$

其中，θ 、ϕ 分别代表天顶角和方位角，下标 i 和 r 分别代表入射和反射，λ 表示波长，$\mathrm{d}L_{\mathrm{r}}(\theta_{\mathrm{i}},\phi_{\mathrm{i}};\theta_{\mathrm{r}},\phi_{\mathrm{r}};\lambda)$ 表示目标的反射辐亮度，$\mathrm{d}E_{\mathrm{i}}(\theta_{\mathrm{i}},\phi_{\mathrm{i}};\lambda)$ 表示入射辐照度。虽然 BRDF 从理论上可以很好地反映地物的多角度特性，然而在实际的实验测量中却有较大的困难，入射辐照度 $\mathrm{d}E_{\mathrm{i}}(\theta_{\mathrm{i}},\phi_{\mathrm{i}})$ 很难精确测量到。因此，实际测量中常通过测量目标的二向反射率因子(bidirectional reflectance factor，BRF)来获得目标的 BRDF。BRF 的表达式如下：

$$R(\theta_{\mathrm{i}},\phi_{\mathrm{i}};\theta_{\mathrm{r}},\phi_{\mathrm{r}};\lambda)=\frac{\mathrm{d}L_{\mathrm{r}}(\theta_{\mathrm{i}},\phi_{\mathrm{i}};\theta_{\mathrm{r}},\phi_{\mathrm{r}};\lambda)}{\mathrm{d}L_{\mathrm{i}}(\theta_{\mathrm{i}},\phi_{\mathrm{i}};\lambda)} \tag{2.13}$$

其中，$\mathrm{d}L_{\mathrm{i}}(\theta_{\mathrm{i}},\phi_{\mathrm{i}};\lambda)$ 表示漫反射体(即白板)的反射辐亮度，$\mathrm{d}L_{\mathrm{r}}(\theta_{\mathrm{i}},\phi_{\mathrm{i}};\theta_{\mathrm{r}},\phi_{\mathrm{r}};\lambda)$ 表示目标的反射辐亮度，则

$$R(\theta_{\mathrm{i}},\phi_{\mathrm{i}};\theta_{\mathrm{r}},\phi_{\mathrm{r}};\lambda)=\pi f_{\mathrm{r}}(\theta_{\mathrm{i}},\phi_{\mathrm{i}};\theta_{\mathrm{r}},\phi_{\mathrm{r}};\lambda) \tag{2.14}$$

通常，物体的 BRDF 实验测量采用相对测量方法，常用的相对测量方法是：在入射和观测条件相同的情况下，分别测量标准白板和目标对入射光源的反射分布情况，求出待测目标的 BRF，进而求出待测目标的 BRDF。

由于物体的 BRDF 是用来描述地物波谱特征的，而要反映地物的偏振信息，则需要研究地物的偏振二向反射分布函数，BPDF 是在 BRDF 的基础上提出的，它是 BRDF 的一般形式，不但量化了方向散射的大小，而且描述了散射的偏振特征，其定义为：在 $(\theta_{\mathrm{r}},\phi_{\mathrm{r}})$ 方向上，经过目标表面反射的偏振辐亮度 $\mathrm{d}L_{\mathrm{rp}}(\theta_{\mathrm{i}},\phi_{\mathrm{i}};\theta_{\mathrm{r}},\phi_{\mathrm{r}})$ 与沿着 $(\theta_{\mathrm{i}},\phi_{\mathrm{i}})$ 方向入射到目标表面的辐照度 $\mathrm{d}E_{\mathrm{i}}(\theta_{\mathrm{i}},\phi_{\mathrm{i}})$ 之比，其数学表达式为

$$F_{\mathrm{r}}(\theta_{\mathrm{i}},\phi_{\mathrm{i}};\theta_{\mathrm{r}},\phi_{\mathrm{r}};\lambda)=\frac{\mathrm{d}L_{\mathrm{rp}}(\theta_{\mathrm{i}},\phi_{\mathrm{i}};\theta_{\mathrm{r}},\phi_{\mathrm{r}};\lambda)}{\mathrm{d}E_{\mathrm{i}}(\theta_{\mathrm{i}},\phi_{\mathrm{i}};\lambda)} \tag{2.15}$$

由此可见，BPDF 与入射及观测几何也有着密不可分的关系。BPDF 是研究物质表面发生各向异性反射规律的基本模型，对研究物体的多角度偏振辐射特性有着至关重要的作用。

2.1.2　测量方法

偏振二向反射分布特性可采用偏振改造后的 BRDF 测量装置展开测量实验。实验采用安光所光学遥感中心研制的 BRF 多角度测量架，ASD 公司的 Field Spec VNIR 型光谱测量仪、测量漫射板的反射量以及模拟太阳光源。BRF 多角度测量架主要由天顶弧轨道、方位圆轨道、移动小车组成。ASD 光谱仪固定在 BRF 测

量架的小车平台上，实现光谱仪视场天顶角的改变。天顶弧架可以沿方位圆轨道运动，以实现光谱仪不同方位角的测量。ASD 光谱仪主要用于户外目标可见-近红外波段的高光谱辐射测量，波段范围为可见-近红外的 380～1050nm，并可由用户在±20nm 的范围内选择，以满足短波波段或长波波段的测量应用要求。该产品的特点是：重量轻、体积小、使用方便。在室内条件下，用大功率超高压氙光源模拟太阳光源，此类光源可以较好地做到光源模拟处理，放在实验仪器架子的一侧。

实验中可以选用反射比因子来描述目标的反射特性，采用偏振度和偏振反射比因子来表征目标的偏振特性。在室内环境下测量，所使用的设备为 BRF 多角度偏振测量装置，而且实验室内测量可以节省测量时间以减小太阳运动与天气变化带来的影响。探测天顶角每 15°间隔测量一次(−75°，−60°，…，75°)，方位角每隔 30°测量一次(0°，30°，…，180°)，并且假设目标的反射具有对称性，实验测量示意图如图 2.3 所示。共获取了 66 个方向的偏振和反射信息，测量时光源入射天顶角和位置方位角都是固定的。

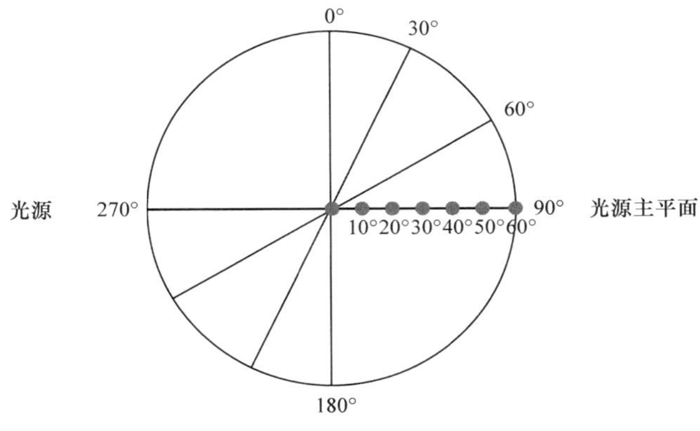

图 2.3　实验测量示意图

1) 偏振 BRDF 系统与光源系统测试相对几何观测状态设置

光源天顶角：45°。

光源方位角：270°。

观测方位角：从 0°、30°至 150°，每隔 30°一测量。

观测方位角：从−75°、−60°至 60°、75°，每隔 15°一测量。

2) 实验测量步骤

(1) 将不同状态、不同材质的目标物体放置于偏振 BRDF 测量系统的球心位置，在目标材质样品固定的状态下，进行不同的偏振特性测量。

(2) 将偏振 BRDF 测量系统放置 BRDF 测量系统支架上，利用电机控制系统对测量系统的天顶角、方位角等相对几何位置进行细密调控；方位角以每隔 30°为基准，在天顶角平面上以 15°的间隔，然后在多个不同波段下对球心位置上的材料进行测量、偏振图像存储，可以得到 Stokes 矢量 I、Q、U、V，偏振度 DOP，偏振角 AOP 等多种偏振参量，经过测量，最终获得不同观测方位角、不同观测天顶角以及不同波段下的偏振图像数据，总体而言保存的数据量较为庞大。

(3) 本实验中目标物体的偏振 BRDF 实验测量采用相对测量方法，是在入射和观测条件相同的情况下，分别测量标准白板和目标对入射光源的反射分布情况，先求出待测目标的 BPF，进而利用公式求出待测目标的偏振 BRDF。

(4) 对于每一种目标材料，在不同测量方位角条件下，将数据进行曲线拟合，总结不同目标材质各采集点的偏振度、线偏振度和圆偏振度数据以及不同波段条件下的 BRDF 数据，寻找规律特性。

(5) 对不同目标的不同偏振特性曲线所体现出来的规律特性进行总结。

2.1.3 偏振特性模型

在对目标偏振特性进行了大量测试和特性分析的基础上，相关机构和科研人员对偏振的建模和仿真也进行了深入研究。目前，目标偏振特性模型通常可分为：经验模型、半经验模型和物理模型。典型的经验模型主要有：Robertson-Sandford 模型、Beard-Maxwell 模型、Basis Function Decomposition 模型。典型的半经验模型有：Torrance-Sparrow 模型、Priest-Germer 模型。纯物理模型并不成熟，没有得到学术界的认可。

(1) Breon 物理模型[26]。

Breon 物理模型用于计算表层土壤的偏振二向反射率，其表达式为

$$R_{\text{pol}}^{\text{soil}}(\mu_{\text{s}},\mu_{\text{v}},\phi)=\frac{F_{\text{p}}(a,n)}{4\cos\theta_{\text{s}}\cos\theta_{\text{v}}} \tag{2.16}$$

式中，θ_{s} 为太阳天顶角，θ_{v} 为观测天顶角；μ_{s} 为太阳天顶角的余弦值，μ_{v} 为观测天顶角的余弦值；$F_{\text{p}}(a,n)$ 为菲涅耳镜面反射系数，a 是入射光方向与微元法线方向的夹角即入射角，n 是折射率，$F_{\text{p}}(a,n)=\dfrac{R_{\text{s}}-R_{\text{p}}}{2}$，$R_{\text{s}}=\left(\dfrac{\cos a-n\cos\theta}{\cos a+n\cos\theta}\right)^2$，$R_{\text{p}}=\left(\dfrac{n\cos a-\cos\theta}{n\cos a+\cos\theta}\right)^2$，$\sin a=n\sin\theta$，$\theta$ 是折射角。该模型未考虑阻挡等因素的影响，计算精度较低。

(2) Waquet 土壤模型[27]。

该模型在 Breon 物理模型基础上加入了 Saunders 阻挡因子，即

$$R_{pol}(\mu_s,\mu_v,\phi)=F_p(a,n)S(\theta_s)S(\theta_v) \tag{2.17}$$

其中

$$S(\theta)=\frac{2}{1+\mathrm{erf}(\rho)+\left(\rho\sqrt{\pi}\right)^{-1}\exp\left(-\rho^2\right)},\quad \rho=\left(\sigma\sqrt{2}\right)^{-1}\cot(\theta)$$

式中，σ 是粗糙因子，$S(\theta)$ 表示沿着 θ 方向观测的遮蔽因子。

(3) Rondeaux-Herman 植被模型[28]。

Rondeaux 和 Herman 提出的植被冠层偏振反射率模型为

$$R_{pol}^{veg}(\mu_s,\mu_v,\phi)=\frac{g(\omega_H)F_p(a,n)}{8\cos\theta_s\cos\theta_v\left(\dfrac{g(\omega_s)}{\cos\theta_s}+\dfrac{g(\omega_v)}{\cos\theta_v}\right)} \tag{2.18}$$

式中，$g(\omega_H)$ 是归一化叶倾角分布函数，$G(\omega_i)$ 表示沿着 ω_i 方向上的叶片法向量的平均投影，如下式：

$$G(\omega_i)=\frac{1}{2\pi}\int_{2\pi}g(\omega_L)\left|\omega_i\omega_L\right|\mathrm{d}\omega_L \tag{2.19}$$

1995 年，Breon[29]假设叶倾角服从一致性分布，提出了简化的偏振反射率模型，即

$$R_{pol}^{veg}(\mu_s,\mu_v,\phi)=\frac{F_p(a,n)}{4(\cos\theta_s+\cos\theta_v)} \tag{2.20}$$

(4) Cox 和 Munk 的水体模型[30]。

Cox 和 Munk 根据依赖于风速的法线取向分布函数：

$$p(\mu_n,\phi_n)=\frac{1}{\pi\sigma^2\mu^3}\exp\left(-\frac{1-\mu_n^2}{\sigma^2\mu_n^2}\right) \tag{2.21}$$

考虑了偏振的菲涅耳反射系数 $F_p(a,n)$ 后，水体偏振反射率模型为

$$R_{pol}^{water}(\mu_s,\mu_v,\phi)=\frac{1}{4\sigma^2\mu_s\mu_v\mu_n^4}\exp\left(-\frac{1-\mu_n^2}{\sigma^2\mu_n^2}\right)F_p(a,n) \tag{2.22}$$

式中，$\sigma^2=0.003+0.00512\omega$，$\omega$ 是风速。

(5) Nadal-Breon 半经验模型[31]

$$R_{pol}(\mu_v,\mu_s,\omega)=X\left[1-\exp\left(-Y\frac{F_p(a,n)}{\mu_v+\mu_s}\right)\right] \tag{2.23}$$

式中，X 和 Y 是随着地表覆盖类型调整的系数。

(6) Maignan-Breon 半经验模型[32]。

在 Nadal 的模型基础上，Maignan 等进一步研究 POLDER 卫星数据，给出了新的半经验模型，即

$$R_{\text{pol}}^{\text{surf}}\left(\mu_{\text{s}},\mu_{\text{v}},\phi\right)=\frac{C\exp\left(-\tan\left(\alpha\right)\right)\exp\left(-\text{NDVI}\right)F_{\text{p}}\left(a,n\right)}{4\left(\cos\theta_{\text{s}}+\cos\theta_{\text{v}}\right)} \tag{2.24}$$

式中，NDVI(normalized differential vegetation index)是归一化植被指数，用红波段和近红外波段的反射值之差与二者之和的比值表示。

2.2 自然地物偏振特性

偏振是光的基本属性之一，位于地表上的任何物体反射和辐射太阳光后，都会产生与物体自身物理属性有着密切联系的偏振特征。偏振特性是目标所具有的较为稳定的特性，不同性质目标之间的偏振特性差异较大，特别是人工目标与自然背景之间的差异更为明显。自然地物是典型的背景之一，研究其偏振反射特性，可以为自然环境下的目标快速、准确地识别提供保证。关于自然地物偏振特性研究通常都是对高空平台和地面测量获取的偏振信息进行分析。由于高空平台探测过程中自然地物所产生的偏振信息到达传感器时是经过大气影响之后的信息，所获得的偏振信息不是完全由自然地物所产生的，要想获得自然地物最真实的偏振信息，开展地物野外测量是必不可少的。在分析自然地物的偏振反射特性时，将实测的偏振信息与偏振模型相结合，对自然地物自身偏振反射特性的解释以及对自然背景下目标准确识别有着重要的研究意义。以往对自然地物的建模大多数是针对航空、航天偏振遥感探测，在模型中忽略了后向散射分量，并且不能描述体散射的产生过程。

2.2.1 水体的偏振特性

水体偏振特性的研究不仅可以体现出偏振遥感的优势，而且还能使研究者们更好地了解水体与太阳辐射之间的相互作用，以及自身发射特征，为水体遥感提供新的思路与方法。

根据偏振理论基础知识可知，由于自然光是非偏振的，但是当它以某一倾斜角度入射到光滑表面之后，与目标物体上的电介质界面作用后所产生的反射光和折射光会变为部分偏振光，如图 2.4 所示。若以入射面为参考面，则根据部分偏振光的定义，反射光中垂直入射面的分量光多于平行入射面的分量。

反射光变为完全线偏振光的条件：当入射光的入射角度达到某个特殊角度时，反射光的振动方向会完全与入射面垂直，成为完全线偏振光，并且此时的入射角

度被定义为布儒斯特角，如图 2.5 所示。

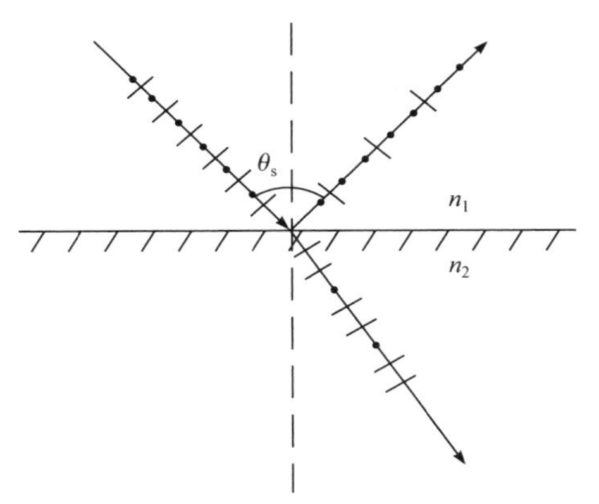

图 2.4　一般情况下反射光和折射光偏振态

$$\tan\theta_s = \frac{n_2}{n_1} \tag{2.25}$$

式中，n_1 和 n_2 分别表示入射光所在介质的折射率和折射光所在介质的折射率。通常，n_1 指的是空气的折射率，约为 1。式(2.25)称为布儒斯特定律。由此可见，布儒斯特角是由介质的折射率所决定的，折射率与偏振信息存在密切的关联。

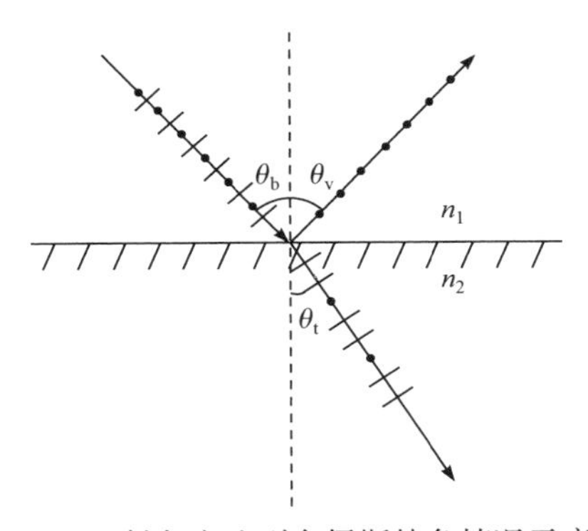

图 2.5　入射角度达到布儒斯特角情况示意图

利用相关的偏振光谱测量设备，测量出不同海水密度区域内的线偏振反射光，在可见光范围内对水体偏振反射进行研究，可以计算出水体的偏振度大小。实验中，分别取来自大连湾与烟台港口表层部分的海水，样品温度为 21℃左右。计算海水密度公式为

$$\rho = \frac{m}{v} \tag{2.26}$$

引入偏振度计算公式

$$P=\frac{\cos^2(\theta_s-\theta_t)-\cos^2(\theta_s+\theta_t)}{\cos^2(\theta_s-\theta_t)+\cos^2(\theta_s+\theta_t)} \tag{2.27}$$

由光的折射定律可知

$$n_1\sin\theta_s=n\sin\theta_t \tag{2.28}$$

式中，n 为水体折射率，取空气折射率 n_1 等于 1，此时偏振度表示为

$$P=\frac{2\sin\theta_s\tan\theta_s\sqrt{n^2-\sin^2\theta_s}}{n^2-\sin^2\theta_s+\sin^2\theta_s\tan^2\theta_s} \tag{2.29}$$

从式中可以看出，偏振度是与入射光和水体密度有关的函数。

在可见光波段，水体密度(ρ)与折射率之间有着函数关系：

$$\frac{n-1}{\rho}=K \tag{2.30}$$

根据相关资料，利用格拉斯顿-戴尔公式，可确定 K 为常量值，并且可以消除偏振度中折射率因子，得出水体密度与偏振度的函数关系式

$$\rho=\frac{\sin\theta_s\sqrt{\tan^2\theta_s\left(2-P^2+2\sqrt{1+P^2}\right)+P^2}-P}{KP} \tag{2.31}$$

若要计算海水的密度，知道偏振度与对应的入射角度便可计算得出结果。

图 2.6 为光源入射天顶角为 20°，入射角等于光线的探测角，海水密度为 1.01165g/cm^3、1.035242g/cm^3 与纯水的偏振度曲线值。该测量过程中，以 10°为间隔，入射天顶角为 10°的时候起始，50°结束，海水密度范围(1.01165～1.035242g/cm^3)。由于海水密度差异较小，折射率变化就会很小，得到的偏振度差不明显。为了对比方便，选择密度为 1.01165g/cm^3、1.035242g/cm^3 与纯水的偏振度进行对比。

根据推导的公式可以发现，折射率与密度在可见光区域呈现正相关关系。在 10°～50°探测范围内，当入射角度一定的情况下，随着海水密度的增加，对应波段海水的偏振度减小，如图 2.7 所示。在短波波段范围内，海水偏振度相对长波范围较大，长波范围偏振度较小，且在长波区域不同密度海水的偏振度不容易区分，没有明显的差异特征。

2.2.2　土壤的偏振特性

由于高空平台探测所获得的自然地物偏振信息不是完全由自然地物所产生的，要想获得其最真实的偏振信息，开展地基地物野外测量是必不可少的。土壤属于自然地物中典型的背景之一，研究其偏振反射特性，可以为自然环境下的目标快速、准确地识别提供保证。

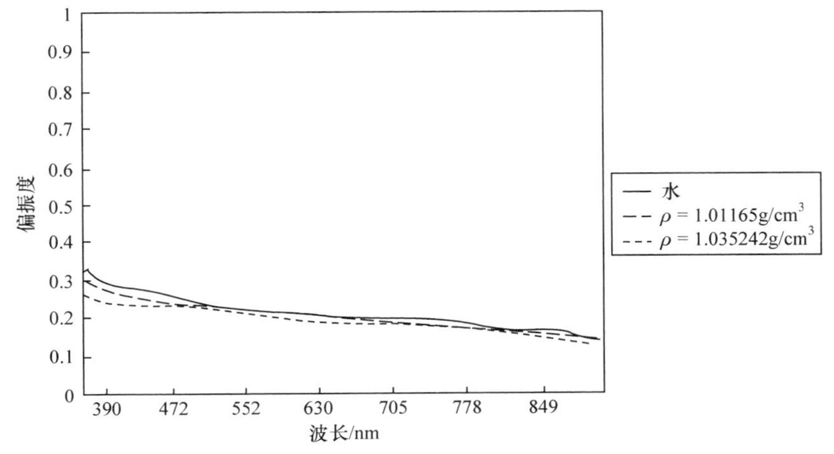

图 2.6　入射天顶角为 20°海水与纯水的高光谱偏振度曲线

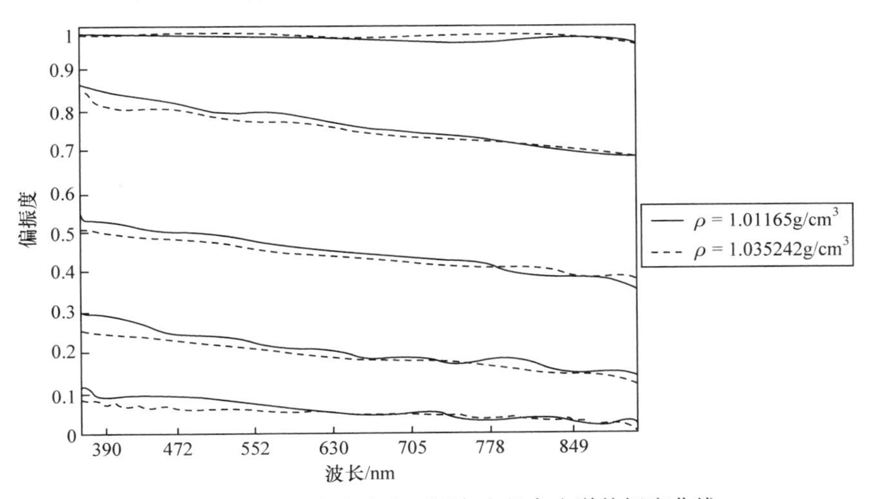

图 2.7　不同海水密度在不同角度的高光谱偏振度曲线

图 2.8 为土壤在太阳主平面内不同观测几何条件下的反射比因子光谱特性曲线。图中，“+”为前向散射，“−”为后向散射。由图可见，土壤在后向散射区域的反射比因子大于前向散射区域，土壤的反射比因子值在 700～1000nm 波段，随波长呈单调递增变化趋势。

图 2.9 给出了土壤在相对方位角为 180°平面内不同观测几何条件下的偏振反射比因子光谱特性曲线。由图可见，随着观测天顶角变大，土壤的偏振反射比因子都逐渐变大。偏振反射比因子随波长的变化较小，这是由于偏振信息主要是由单次散射所产生的，将所有波段的能量按照相同的比例反射出去。

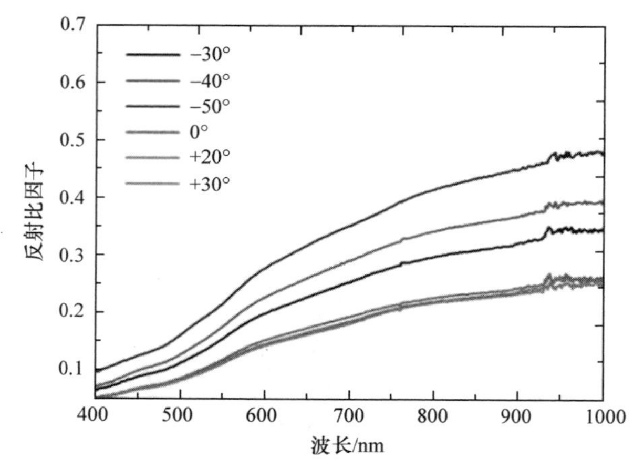

图 2.8　土壤在不同观测几何条件下的反射比因子光谱特性曲线

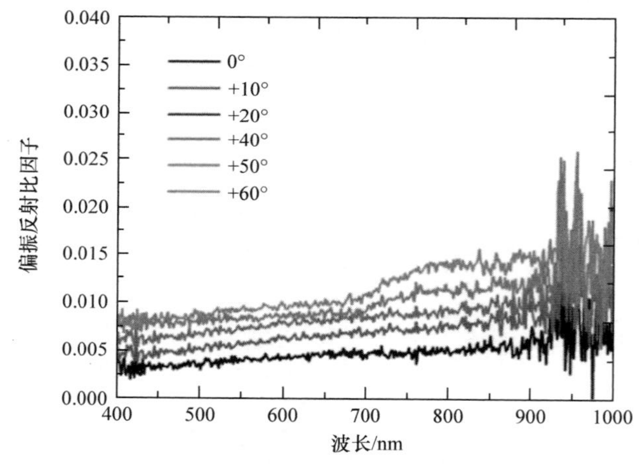

图 2.9　土壤的偏振反射比因子在不同观测几何条件下的光谱特性曲线

图 2.10 给出了土壤在相对方位角为 180°平面内不同观测几何条件下的偏振度光谱特性曲线。由图可见，土壤的偏振度值在整个可见-近红外范围内都随波长呈递减变化趋势。以上的测量结果与前人的研究结果较为一致。随着观测天顶角变大，土壤的偏振度值都逐渐变大。这主要是因为土壤的表面较为粗糙，土壤表面的粗糙度会改变其偏振分布特征。

2.2.3　植被的偏振特性

植被属于自然地物中典型的背景之一，在分析植被的偏振反射特性时，将实测的偏振信息与偏振特性模型相结合，对植被自身偏振反射特性的解释以及对自然背景下目标准确识别有着重要的研究意义。

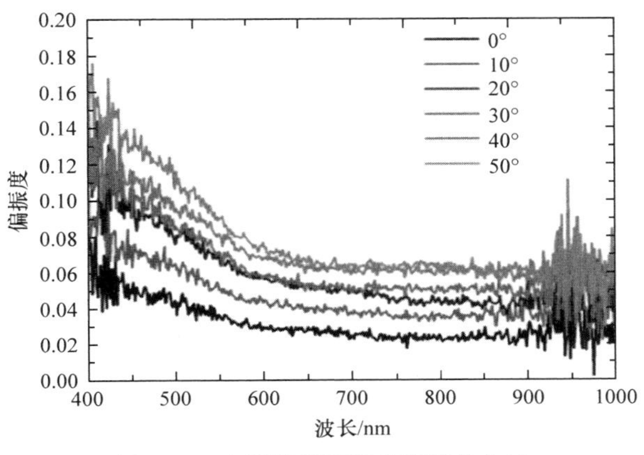

图 2.10　土壤的偏振度光谱特性曲线

为了确保测量数据的可靠性，分别对典型植被(草地)的反射比因子、偏振反射比因子以及偏振度进行了分析。图 2.11 为植被在太阳主平面内不同观测几何条件下的反射比因子光谱特性曲线。图中，“+”为前向散射，“−”为后向散射。由图可见，植被在后向散射区域的反射比因子大于前向散射区域，在前向散射区域的反射比因子随观测天顶角呈递增变化趋势。植被的反射比因子值在波长为 700～770nm 范围内，其值随波长逐渐变大；在波长为 770～1000nm 范围内，反射比因子较大且随波长呈缓慢递增变化趋势。

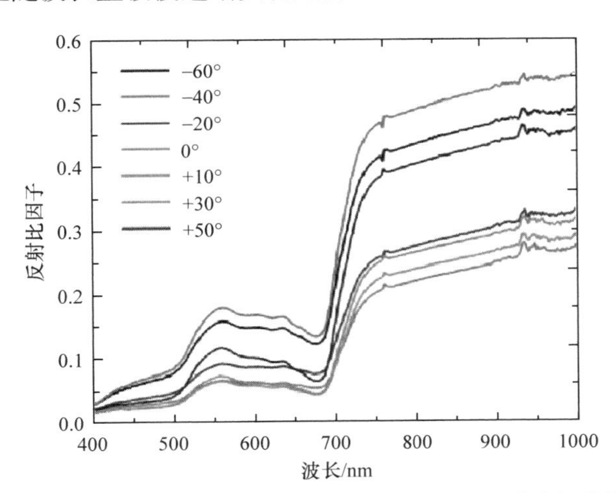

图 2.11　植被在不同观测几何下的反射比因子光谱特性曲线

图 2.12 给出了植被在相对方位角为 180°平面内不同观测几何条件下的偏振反射比因子光谱特性曲线。由图可见，随着观测天顶角变大，植被的偏振反射比因子都逐渐变大。偏振反射比因子随波长的变化较小，这是由于偏振信息主要是

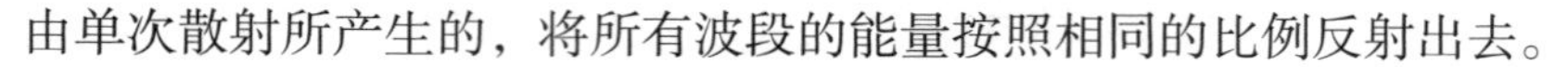

由单次散射所产生的，将所有波段的能量按照相同的比例反射出去。

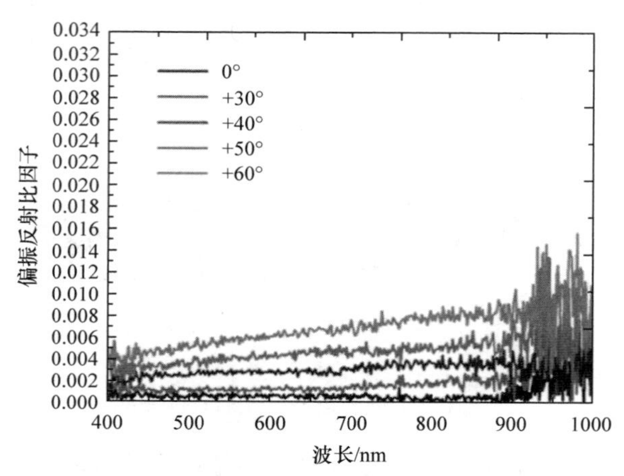

图 2.12　植被的偏振反射比因子在不同观测几何条件下的光谱特性曲线

图 2.13 给出了植被在相对方位角为 180°平面内不同观测几何条件下的偏振度光谱特性曲线。由图可见，在波长为 500～700nm 范围内，植被偏振度值随波长变化较为剧烈，且在波长为 690nm 左右时，偏振度出现相对峰值；当波长从 700nm 变化到 900nm 时，偏振度值较小且基本保持不变。以上的测量结果与前人的研究结果较为一致。随着观测天顶角变大，植被的偏振度值都逐渐变大。这主要是因为植被的表面较为粗糙，粗糙度会改变其偏振分布特征。

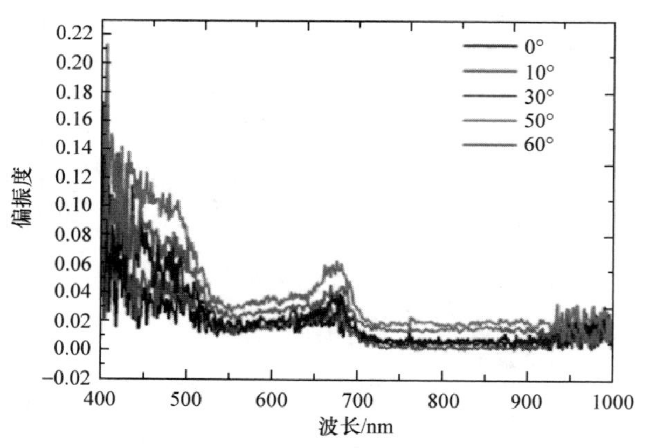

图 2.13　植被的偏振度光谱特性曲线

2.3　人工目标偏振特性

针对人工目标的反射特性研究有助于基于多特征检测识别人工目标，具有较高的应用价值。本书以涂层目标为研究对象开展人工目标偏振特性研究。

随着现代科学技术的发展，涂层目标越来越受到人们的关注。由于涂层目标具有不同的折射率和表面粗糙度等特征，其表面散射特性很复杂，采用传统的光强探测方法会影响涂层目标的识别效果。但在偏振探测中，涂层往往会产生很强的偏振度，与自然地物的差异较为明显。为了详细分析涂层表面的散射偏振特性，需要建立精准的表面偏振 BRDF 模型。

实验选用木板材质制作了三块目标板，尺寸规格为 50cm×50cm×0.2cm，分别对其刷有四道绿色、黑色和黄色的漆，共得到三块涂层目标板。图 2.14 为三种典型待研究涂层目标的实物图。图中，(a)、(b)、(c)分别表示绿漆、黑漆和黄漆涂层木板。

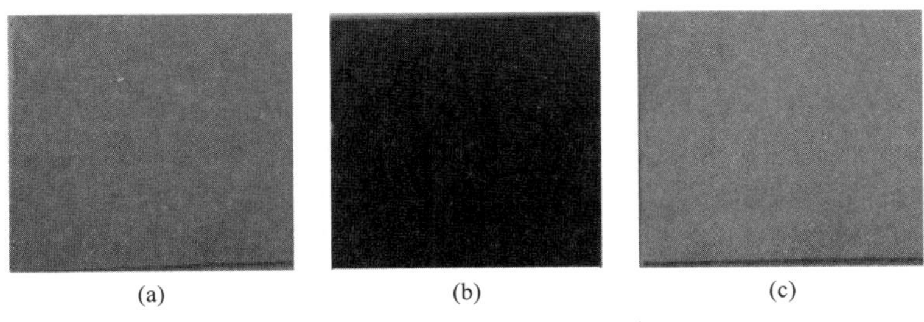

图 2.14　典型涂层目标实物示意图

图 2.15 为三种涂层样品在相对方位角为 180°平面内不同观测几何条件下的反射比因子光谱特性曲线。图中不同曲线表示对应的天顶角。由图可见，三种涂层样品的反射比因子都随着观测天顶角呈逐渐递增变化趋势。绿漆涂层样品在 700～800nm 波段内，反射比因子急剧变大；而在 800～1000nm 波段内，反射比因子变化较为平缓。黑漆涂层样品在 700～1000nm 波段内的反射比因子随波长变化较为平缓。黄漆涂层的反射比因子与绿漆涂层呈相似的变化趋势。整体上，三种涂层样品的近红外反射比因子值大于可见光，这是由于涂层样品的反射特性受

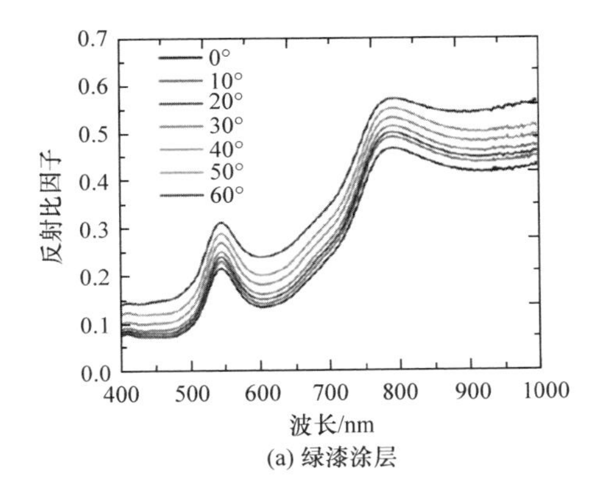

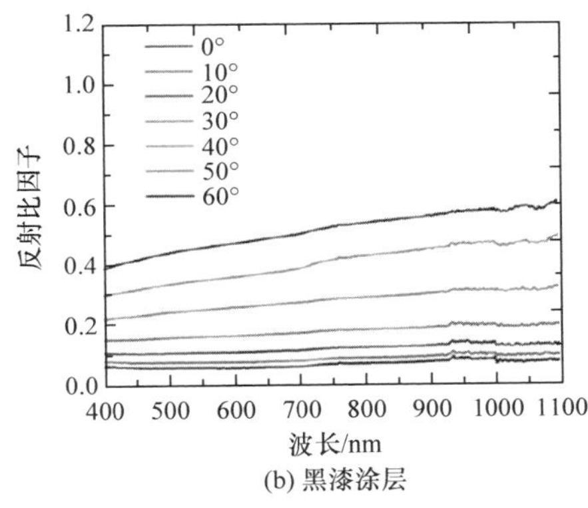

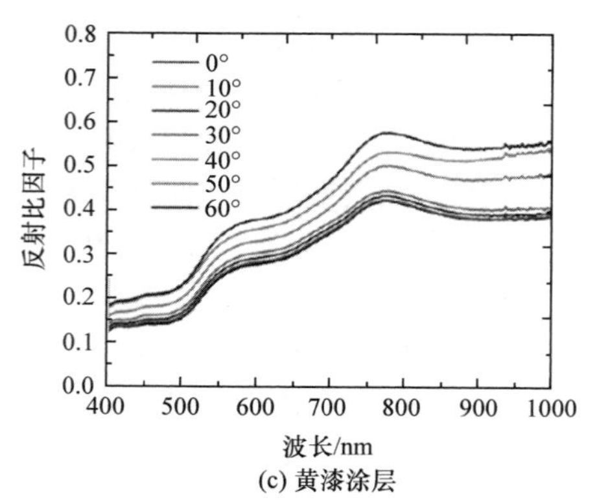

(c) 黄漆涂层

图 2.15 三种典型涂层样品在不同观测几何条件下的反射比因子光谱特性曲线

两方面因素影响：光线在涂层表面的散射和内部的吸收。涂层样品在不同波长下的反射与吸收差异较大，进而使得测量的反射比因子值随波长发生变化。在 700～1000nm 波段范围内，基底和涂料对总的反射贡献是很难确定的。为了简化反射过程，假定涂料是近红外反射光谱特性的唯一贡献，基底只能改变其反射分布状况。三种涂层目标的反射光谱特性与以往的研究结果具有很好的一致性。

图 2.16 给出了三种典型涂层样品在相对方位角为 180°平面内不同观测几何条件下的偏振反射比因子光谱特性曲线。由图可知，三种涂层样品的偏振反射比因子值都随着观测天顶角呈逐渐递增变化趋势。偏振反射比因子值随波长变化很小，这是因为偏振主要是由单次散射产生的，将所有波段的能量按照相同的比例反射出去，使得偏振反射比因子随波长变化不显著。

图 2.17 给出三种涂层样品在相对方位为 180°平面内不同观测几何条件下的偏振度光谱特性曲线。由图可见，随着观测天顶角的增加，三种涂层样品的偏振度都逐渐变大，这与反射比因子、偏振反射比因子随观测角度变化趋势是相同的。

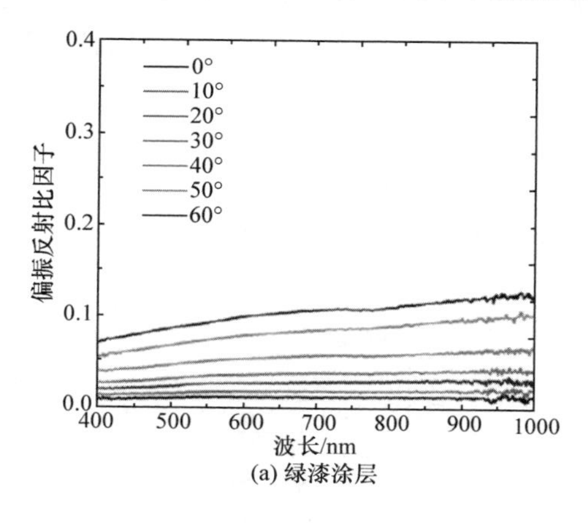

(a) 绿漆涂层

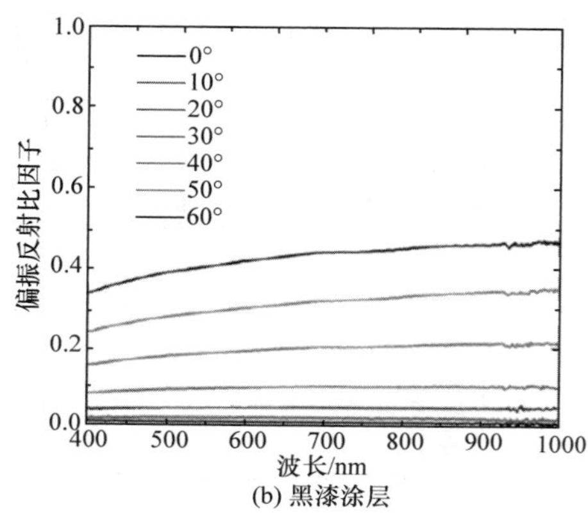

(b) 黑漆涂层

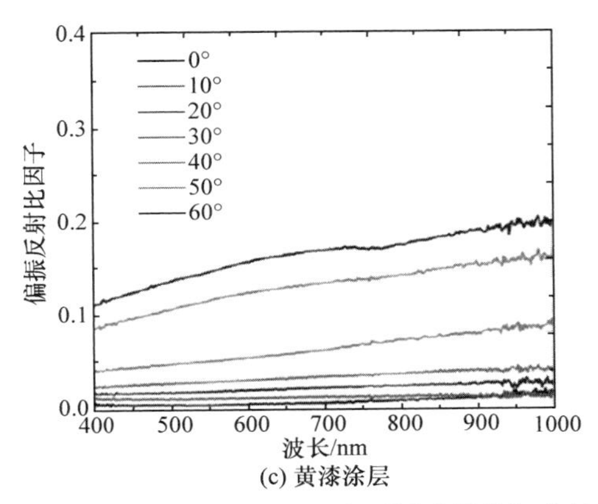

(c) 黄漆涂层

图 2.16　三种涂层样品的偏振反射比因子在不同观测几何条件下的光谱特性曲线

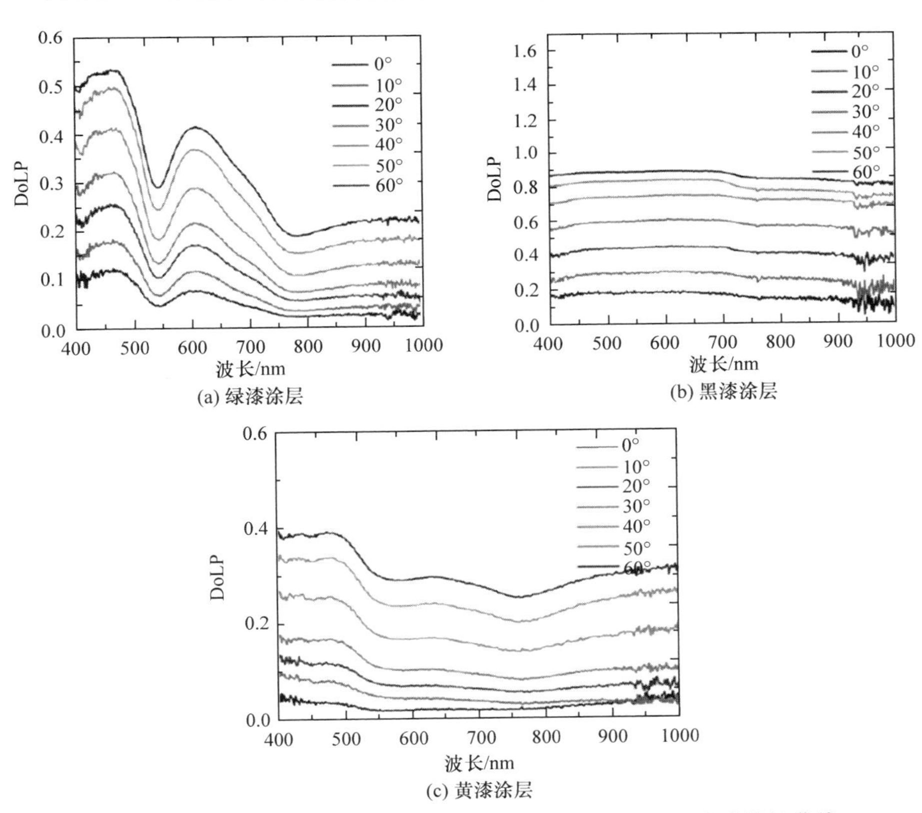

(a) 绿漆涂层　(b) 黑漆涂层

(c) 黄漆涂层

图 2.17　三种涂层样品的偏振度在不同观测几何条件下的光谱特性曲线

绿漆涂层样品的偏振度在波长 700～770nm 范围内，随波长变化波动较大；当波长从 780nm 变化到 1000nm，偏振度值较小且随波长变化较为平缓。在波长为 700～1000nm 范围内，黑漆涂层样品的偏振度值相对较大，在观测天顶角为 60°

位置的偏振度最大值为 0.9。这是因为黑漆涂层的吸收较强，导致其反射较弱，而反射率与偏振度具有负相关性，使得黑漆涂层样品的偏振度较大。黄漆涂层样品在波长为 700～770nm 范围内，偏振度随波长呈递减趋势变化；当波长从 770nm 变化到 1000nm，偏振度随波长呈缓慢上升趋势。

2.4　地物场景成像仿真

2.4.1　基于图像分类的地物场景成像仿真

基于图像分类的地物场景成像仿真，首先要对仿真地区的高空间分辨率遥感图像进行分类，获得地面场景地物分类图像。

遥感图像是通过亮度值或像元值的大小差异及空间变化来表示不同地物的差异的，如不同类型的植被、土壤、岩石、水体等，这是区分图像中不同地物的物理依据。遥感图像分类是以区别图像中所含的多个目标物为目的，对每个像元或比较匀质的像元组给出对应其特征的名称[33]。遥感图像的分类是指通过分析空间信息和各类地物的光谱特征来选择参数,并将特征空间划分为互不交叉的子空间，然后将图像中各个像元按照某种规律或算法划分到各个子空间中，即实现将图像中的同类地物像元集群在同一个子空间中。遥感图像分类中的特征是能够反映地物光谱信息和空间信息，并可用于遥感图像分类处理的变量。

遥感图像计算机分类的方法有多种，主要归纳为三种不同的类型，即非监督分类、监督分类和基于数学工具的新分类方法[34]。监督分类和非监督分类是最常见也是用得最广泛的一种划分，它是根据是否需要分类人员事先提供已知类别及其训练样本对计算机分类器进行训练和监督来划分的[35,36]。

1. 非监督分类

非监督分类(unsupervised classification)不需要已知样本及其类别对计算机的分类器进行监督和训练，只是根据图像数据本身的特征，即这些数据所代表的地物辐射特性(谱特性)的相似性和相异性来分类。非监督分类方法主要有 *K*-均值分类法、ISODATA 分类法、主成分分析分类法、独立分量分析分类法和正交子空间投影分类法等[36-38]，下面对 *K*-均值分类法和 ISODATA 作简要介绍。

1) *K*-均值分类法

K-均值分类法是一种动态聚类法，其聚类准则是使每一类别中的像素点到该类别中心的距离的平方和最小。其基本思想是通过迭代逐次把数据点划分到与其距离最近的类中心所在的类簇中去，然后重新计算类中心，进而反复迭代，直到每一个数据点都不再重新划分为止。均值方法通过最小空间距离达到均衡状态，

实现简单，但是均值聚类算法存在一定的缺点，首先聚类的数目即 K 值需要由用户预先给出，其次该方法过分依赖初始中心点的选取，选取不同的初始中心点可能会得到不同的分类结果。另外，由于均值聚类算法多采用欧氏距离函数作为度量数据点间相似度的方法，其只能发现数据点分布较均匀的类球状簇,无法发现任意形状的簇。

2) ISODATA 分类法

ISODATA 分类法即迭代式自组织数据分析算法，可简称为迭代法。它是一种非常常用的非监督分类算法。此方法用最小光谱距离公式对像素数据进行聚类。它从任意聚类平均值开始，计算像素与平均值的距离，把个体分配到最近的类别中。聚类每重复一次，聚类的平均值就变化一次，新的聚类平均值作为下次聚类循环，直到达到重复的最大次数或两次重复之间类别的不变像素的百分数达到最大，聚类结束。

该方法能够通过自迭代由少到多地确定类别个数,但其参数的确定比较困难,并且一些距离参数要根据维数的变化做相应的调整。它与 K 均值算法有两点不同：首先，它不是每调整一个样本的类别就重新计算一次各类样本的均值，而是把所有的样本都调整完毕之后再计算各类样本的均值；其次，该算法不仅可以通过调整样本所属类别完成样本的聚类分析，而且可以自动地进行类别的合并与分裂，从而使得到的类别数更加合理。

2. 监督分类

监督分类(supervised classification)需要事先知道地物类别,并用它们的样本对计算机的分类器进行监督和训练，然后对图像进行分类。在分类之前，对每种地物类型都要在实地或已知专业图上选择几块有代表性的分布区(训练区)；再将它们的分布范围输入计算机或图像处理系统，每种地物类在相应波段图像中数据的平均值、标准差、协方差矩阵等统计特征将被计算机自动统计出来，构成训练样本；最后以这些类的训练样本的统计特征为标准，按照图像上各点的数值特征与它们的相似或相异程度，把图像各点分别归入已知的各种地物类别[39]。监督分类方法主要有最大似然分类法、最小距离分类法、盒式分类或平行六面体分类法等[38,40]。

1) 最大似然分类法

最大似然法也称为贝叶斯分类，是基于贝叶斯准则的分类错误率最小的一种非线性分类，其算法成熟，是最常采用的监督分类方法之一。最大似然法假设遥感图像的每个波段数据都服从高斯正态分布，逐点计算图像中每个像素数据与每一个给定类别的似然度，然后把该像素分到似然度最大的类别中去的方法。用最大似然法进行分类具体过程包括三步：首先确定每一个类别的训练样本，然后根据训练样本计算各类别的统计特征值并建立分类判别函数，最后逐点计算图像中每个像素属于各类别的概率，将该像素标记为判别函数值最大的一组。

最大似然法建立在贝叶斯准则的分类错误率最小之上，在理想情况下，它的分类错误最小，精度也最高，但是由于传统的人工标记方法工作量大、效率低以及人为主观误差等因素的影响，该方法的分类结果精度较差。

2) 最小距离分类法

最小距离法的基本原理是：用特征空间中的距离表示像素数据和分类类别特征的相似程度，在利用训练样本获得了各个分类类别的特征参数以后，对于一个未知像素，首先计算它与各个类别特征向量的距离，然后比较距离的大小，把未知像素归并到距离最小相似度最大的类别中去。假设 K 维特征空间存在 m 个类别，则该方法可以用如下公式描述：

$$d_i = \min_j d_{xj}, \quad j = 1, 2, \cdots, m \tag{2.32}$$

其中，j 为类别号，d_{xj} 是待分像素 x 到类 j 中心的距离。遥感图像分类处理中常用的距离有绝对距离、欧氏距离、标准欧氏距离、马氏距离等。

最小距离法假设所有类的协方差相等，因此其分类速度较快，但它的分类精度也受到了对已知地物类别的了解和训练样本的数量的影响，和最大似然法一样，最小距离法的分类精度也不是很高。

3. 基于数学工具的新分类方法

随着各种新理论和新方法的出现，一些成熟的数学工具被不断引入遥感图像分类中，近年来出现了一些新的倾向于句法模式的分类方法，如神经网络分类法、支持向量机分类法、多特征融合分类法、模糊数学分类法、决策树分类法、专家系统分类法等。

1) 神经网络分类法

神经网络分类法是一种具有人工智能的分类方法，具有自组织、自学习的功能，与传统统计方法相比，神经网络分类法在数据服从不同的统计分布时能获得理想的分类结果，但它也存在一定的缺点：由于神经网络法完全依赖于训练样本，其所需的迭代训练时间就会很长，另外它还可能产生过学习的问题，并且由于遥感影像中某些地物的光谱数据的集群性比较差，人工神经网络存在着对大多数区分度高的地物类别识别率高，而对少数区分度低的地物类别识别率低的问题。神经网络分类法包括神经网络、径向基神经网络、模糊神经网络、小波神经网络等各种神经网络分类法。

2) 支持向量机分类法

支持向量机的提出是为了解决小样本问题，该方法建立在统计学习理论基础上，基于 VC(Vapnik-Chervonenkis)维理论和结构风险最小化(SRM)原理，在解决小样本、非线性及高维模式识别问题中有很多优势。自提出之日起，该方法已被广泛应用于很多研究领域，并取得了大量的研究成果，近年来，研究者将该方法应用到了遥感图像的分类中。在遥感图像的分类中，应用支持向量机最大的优点是分类时无须进行数据降维，并且在算法的收敛性、训练速度、推广性、比分类精度等方面性能都较好。

3) 多特征融合分类法

多特征融合分类法是把一幅遥感图像中的光谱信息、空间信息和时间信息等多种特征信息融合到一起，按照一定的方式有机地组合成统一的信息模型，从而对遥感图像进行分类。这类方法有基于知识的推理、信息融合、空间数据挖掘等。知识的推理方法可以利用现有的地理信息系统(geographic information system，GIS)数据和先验知识，可以减少分类时遇到的“同物异谱”和“同谱异物”的现象。目前，应用到的特征融合主要有光谱特征与纹理特征的融合，光谱特征和形状特征的融合等。

4) 模糊数学分类法

模糊数学分类法是一种针对不确定性事物的分析方法。它以模糊集合论作为基础，有别于普通集合论中事物归属的绝对化。在分析事物的隶属关系，即分类时，一般需以某数学模型计算它对于所有集合的隶属度，然后根据隶属度的大小确定归属。

纹理是图像中的一个重要的研究内容，通常被定义为一种反映一个区域中像素灰度级的空间分布的属性[41]。Rosenfeld 对纹理图像给出了详细的描述：纹理图像或者反映的是物体表面可见光反射特性的灰度空间分布，或者反映的是物体表面红外辐射特性的灰度空间分布[42]。所以，在场景仿真中，我们通常把这种灰度的空间起伏称为纹理。

目前，关于纹理生成的方法已经发展有很多种，其中比较经典的纹理生成的模型有：马尔可夫随机场(Markov random field，MRF)模型、吉布斯(Gibbs)模型、马赛克(Mosaic)模型、自回归(AR)模型、自回归移动平均(ARMA)模型、分形(fractal)模型和 GLC(generalized long-correlation)模型等。这些模型非常成功地生成了可见光纹理图像，被广泛地应用到计算机真实感场景仿真、虚拟现实和遥感仿真等领域，获得了很好的效果。随着计算机硬件和软件的快速发展，纹理的非参数模型得到迅猛的发展。由于非参数纹理模型不同于参数纹理模型，不需要对纹理参数估计，而是直接从输入的源纹理图像中选取纹理基元，采用非线性处理方法生成新的纹理图像，该方法生成的纹理图像更接近于真实的纹理图像，因而受到纹理生成研究者的普遍重视[43,44]。

纹理映射是计算机图形学中应用最为广泛的技术之一，首先由 Catmull 在

1974 年提出适用于参数曲面的纹理映射方法。在此基础上，人们扩展出许多适应于不同应用和要求的纹理映射方法，包括：位移纹理映射方法、凹凸纹理映射方法、环境纹理映射方法、两步纹理映射方法、基于约束的纹理映射方法等。

纹理映射在不增加物体表面几何复杂度的情况下，能有效模拟景物表面的细节特征，增强真实感。基于上述纹理映射方法，将纹理合成映射到分类图像上，即可实现基于图像分类的地物场景成像仿真。

2.4.2 基于三维模型的地物场景成像仿真

基于三维模型的地物场景成像仿真主要通过三维建模实现。三维建模就是对真实世界进行抽象、建立场景中所有物体的三维几何模型和光照模型等，然后调整观察方向和视点，利用透视投影、烘焙渲染等方法，构建虚拟场景，其中利用纹理图像来描述物体表面的细节特征可以获得表面色彩丰富的景观。三维建模可以在先进算法和系统软硬件的支持下，实现高精度模型的构建；通过调整观察的视角以及物体的视点来多方位地观察虚拟场景；结合纹理映射技术和其他相关技术可以获得比较逼真的效果和虚拟场景中对象的相关信息。不过利用几何建模技术构建的模型，其场景文件量较大，这将会影响系统的运行速度，因此有效处理准确性和复杂性之间的关系是十分必要的。

1. 几何数据测量

为重构虚拟三维场景，需要获取真实场景的相关数据，包括场景内地形高程、地物目标等实体的三维几何信息和纹理信息。最常使用的三种场景三维数据测量方法包括：①基于传统测量的方式；②基于摄影测量的方式；③基于激光测距的方式。

1) 基于传统测量的方式

基于传统测量的方式是曾经广泛使用的一种三维数据测量方法，即使用皮尺或全站仪等测距工具或者 CAD 图纸获取建筑或者地物目标的几何尺寸，然后使用 3ds Max 等 3D 建模软件建立三维模型；对于地形数据则使用水准仪和经纬仪等进行测量，使用解析法和极坐标法形成模拟式的图解图，最终形成数字高程图像；对于纹理图像，需要使用数码相机进行拍摄。该种测量方法由于外业工作量大、测量周期长、内业数据整理复杂烦琐、测量精度低，正被逐渐淘汰。

2) 基于摄影测量的方式

基于摄影测量的方式是基于立体视觉的方式进行的。目前，主要采用双目视觉的方式获取景深，从而获取目标的三维信息并建立三维模型。双目视觉的基本原理是空间中的同一个物点在不同图像平面上形成的像点位置存在差异，这种差异称为双眼视差。双眼视差与相机对的内部参数、相机与物点的相对位置和姿态有关。考虑相机对平行放置的时候，视差(disparity)可表现为：$d = x_{\mathrm{l}} - x_{\mathrm{r}}$，如图 2.18 所示。

图 2.18　双目视差

设物点 $P(x,y,z)$ 在左右相机图像平面上的投影像分别为 $P_{\mathrm{l}}(u_{\mathrm{l}},v_{\mathrm{l}})$ 和 $P_{\mathrm{r}}(u_{\mathrm{r}},v_{\mathrm{r}})$。其成像结构示意图如图 2.19 所示。

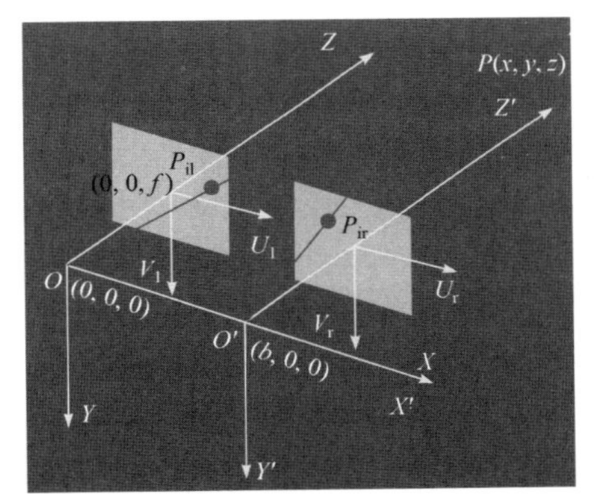

图 2.19　成像结构示意图

则投影像点 P_{l} 、P_{r} 坐标分别为

$$\begin{cases} u_{\mathrm{l}} = \dfrac{xf}{z} \\ v_{\mathrm{l}} = \dfrac{yf}{z} \end{cases} \quad \begin{cases} u_{\mathrm{r}} = \dfrac{(x-b)f}{z} \\ v_{\mathrm{r}} = \dfrac{yf}{z} \end{cases} \tag{2.33}$$

视差 $d = u_{\mathrm{l}} - u_{\mathrm{r}} = \dfrac{bf}{z}$，因此可得到其物点的三维坐标

$$\begin{cases} x = \dfrac{u_{\mathrm{l}} b}{d} \\ y = \dfrac{v_{\mathrm{l}} b}{d} \\ z = \dfrac{bf}{d} \end{cases} \tag{2.34}$$

其中，f 表示相机对的焦距，b 表示相机对间的瞳间距。

使用摄影测量的方式测量地物目标的三维几何结构，需对相机输出的左右两幅图像进行配准，工作量大，场景变化缓慢时，测量精度低；使用该种方法测量可同时获取目标的纹理信息，但是对于场景的地形数据，仍需要另行测量。

3) 基于激光测距的方式

激光扫描系统在三维测量中的使用越来越广泛。激光扫描系统是一个由多种传感器集合而成的系统，包括获取系统平台姿态信息的惯性导航单元(inertial measurement unit，IMU)、获取系统时间和系统平台位置信息的全球定位系统(Global Position System，GPS)、系统载体(即车辆或飞机)、升降平台、计算机控制系统及供电系统，当然还有作为数据传感器的获取目标物外部空间三维坐标数据的激光扫描仪(laser scanner，LS)和获取目标物影响纹理数据的面阵 CCD 相机。车载激光扫描系统示意图如图 2.20 所示。

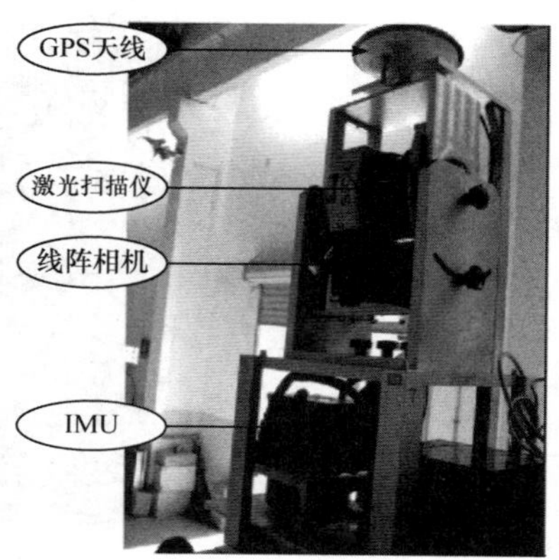

图 2.20　车载激光扫描系统示意图

与其他两种三维信息获取方式相比，激光测距系统能快速、准确、无接触地完成对于复杂表面的测量，形成高精度与高密度的点云数据，搭配自动化建模数据，能完成自动建立三维模型等工作。激光扫描系统包含定位系统和全景相机阵列，能同时获取地形数据和表面纹理数据，因此，激光扫描测量系统完成场景三维信息的测量作为新兴的测量方法得到快速发展。

2. 地形三维建模

地形三维建模可以采用场地基础测绘数据、激光点云测量等方法来获取场景中各个点的高程信息，建立场景的三维地形(图 2.21)。场地基础测绘数据一般直接从地面测量获得，如用 GPS、全站仪、野外测量等；根据航空或航天影像，通过摄影测量途径获取，如立体坐标仪观测、空三加密法、解析测图、数字摄影测

图 2.21　三维点云场景信息示意图

量等。激光雷达移动测量技术可以用于激光点云测量，该技术是集成激光扫描、GPS 和惯性导航系统于一体的空间测量技术，能够快速、精准地获取地表三维空间信息。采用激光雷达测量技术可以快速获取高密集、高精度的激光点云数据，并同步获取与点云高精度匹配的数码照片，实现了地理三维空间数据快速获取。

激光点云数据处理包括：点云去噪、点云平滑、点云编辑和各测量站点的点云配准和拼接，其中最主要和技术难点在于配准和拼接。每个测站点云坐标都是相对扫描仪中的坐标系，需要对同一测区的多个测站点云进行坐标拼接，转换为测区统一的坐标系。多测站拼接常规的方法是在相邻两站摆设靶球或靶纸，作为拼接同名控制点，在软件处理过程中需要自动识别靶球靶纸，并自动配对同名点作为坐标拼接的控制点。当测区比较复杂(如矿山)，无法摆设靶球和靶纸，则需要软件进行自动对齐拼接。

获得地形三维结构后，使用栅格化的数字高程模型(digital elevation model，DEM)格式输出。栅格化 DEM 是一定范围内规则格网点的平面坐标(X, Y)及其高程(Z)的数据集，它主要是描述区域地貌形态的空间分布。DEM 是对地貌形态的虚拟表示，可派生出等高线、坡度图等信息，也可与数字正射影像图(digital orthophoto map，DOM)或其他专题数据叠加，用于与地形相关的分析应用，同时它本身还是制作 DOM 的基础数据。

DEM 是用一组有序数值阵列形式表示地面高程的一种实体地面模型，是数字地形模型(digital terrain model，DTM)的一个分支。一般认为，DTM 是描述包括高程在内的各种地貌因子，如坡度、坡向、坡度变化率等因子在内的线性和非线性组合的空间分布，其中 DEM 是零阶单纯的单项数字地貌模型，其他如坡度、坡向及坡度变化率等地貌特性可在 DEM 的基础上派生。DTM 的另外两个分支是各种非地貌特性的以矩阵形式表示的数字模型，包括自然地理要素以及与地面有关的社会经济及人文要素，如土壤类型、土地利用类型、岩层深度、地价、商业优势区等。实际上 DTM 是栅格数据模型的一种。它与图像的栅格表示形式的区别主要是：图像是用一个点代表整个像元的属性，而在 DTM 中，格网的点只表示点的属性，点与点之间的属性可以通过内插计算获得。

数字表面模型(digital surface model，DSM)是指包含了地表建筑物、桥梁和树木等高度的地面高程模型。和 DSM 相比，DEM 只包含了地形的高程信息，并未包含其他地表信息，DSM 是在 DEM 的基础上，进一步涵盖了除地面以外的其他地表信息的高程。在一些对建筑物高度有需求的领域，得到了很大程度的重视。

DTM 最初是为了高速公路的自动设计提出来的。此后，它被用于各种线路选线(铁路、公路、输电线)的设计以及各种工程的面积、体积、坡度计算，任意两点间的通视判断及任意断面图绘制。在测绘中被用于绘制等高线、坡度坡向图、立体透视图，制作正射影像图以及地图的修测。在遥感应用中可作为分类的辅助数据。它还是地理信息系统的基础数据，可用于土地利用现状的分析、合理规划及洪水险情预报等。在军事上可用于导航及导弹制导、作战电子沙盘等。对 DTM 的研究包括 DTM 的精度问题、地形分类、数据采集、DTM 的粗差探测、质量控制、数据压缩、DTM 应用以及不规则三角网 DTM 的建立与应用等。

DSM 可以最真实地表达地面起伏情况，可广泛应用于各行各业。如在森林地区，可以用于检测森林的生长情况；在城区，DSM 可以用于检查城市的发展情况；特别是众所周知的巡航导弹，它不仅需要数字地面模型，更需要数字表面模型，这样才有可能使巡航导弹在低空飞行过程中，逢山让山，逢森林让森林。DSM 与 DTM 数据的不同如图 2.22 所示。

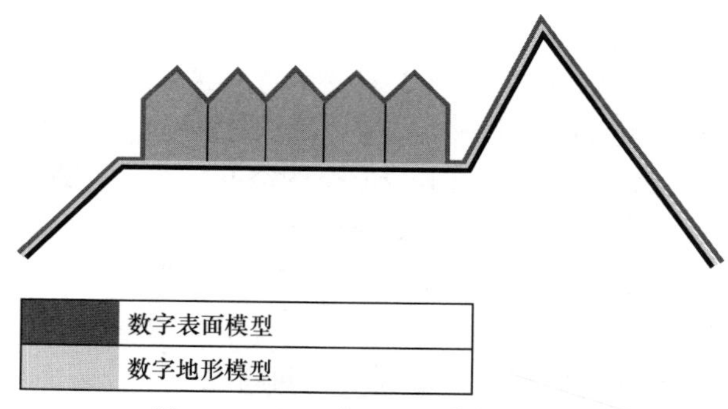

图 2.22 DSM 与 DTM 数据的不同

3. 地物目标三维建模

激光扫描仪以激光点云的数据格式记录目标表面的空间三维信息，并通过集成的 CCD 相机记录空间表面的纹理信息，以激光点云的数据格式输出。各仪器生产厂商均提供了功能强大的激光点云数据处理软件，如 PolyWorks、Cyclone、Realworks Survey、I-site 3DLaserImaging、Platin 等，能够自动生成目标的三维模型。各软件主要内容包括数据误差分析、数据存储管理、点云的去噪、点云的配准、点云的分割、点云的特征识别和分类、点云的建模等。

使用激光测量系统配套的三维建模软件，通过对点云数据进行目标识别、点云分割、表面重构、与全景图像配准等环节处理后，可完成对目标三维模型的建立。其中识别、分割、重构等环节是为了建立模型的几何框架，全景图像配准是为了给三维模型提供纹理图像。获得带有纹理图像的三维模型后，以通用的面片化 3D 模型格式(如 obj 格式)输出。

全景影像与激光点云的数据配准是使全景影像能与物方坐标系下同一场景的激光点云进行“套合”，即需要恢复全景影像拍摄瞬间相机在物方坐标系下的位置与姿态，并使全景影像中每个像素构成的摄影光束与物方点云形成对应。

在全景拼接时，全景影像与单张面阵影像间的映射关系可精确得到；激光扫描仪坐标系与 POS 坐标系之间的转换关系可通过建立高精度标定控制场解算获得；而 POS 坐标系与 WGS-84 坐标系间的转换关系可由 POS 数据插值获取。因此，若能得到单张面阵 CCD 影像与激光点云在激光扫描仪坐标系下的配准参数，则可实现车载全景影像在物方坐标系下与激光点云的高精度配准。另外，由于全景成像系统的 CCD 镜头为非量测工业镜头，成像畸变大，内方位元素未知，故需要首先对镜头进行内标定。车载移动测量系统中的主要传感器——激光扫描仪、全景相机、POS 系统被固定在刚性平台，其相对位姿关系稳定不变，全景影像与激光点云数据配准方法描述如图 2.23 所示。

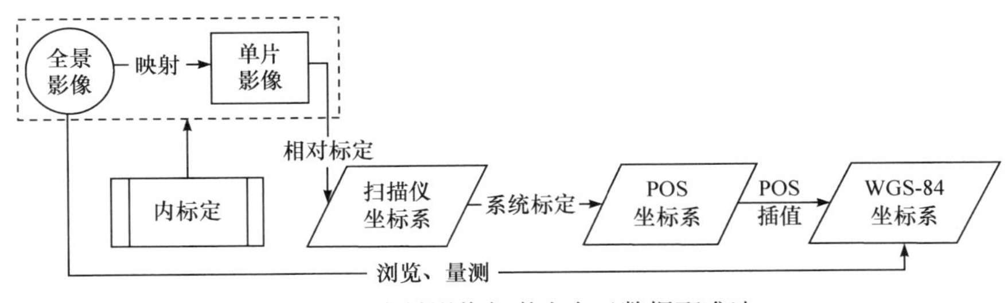

图 2.23　全景影像与激光点云数据配准法

4. 三维场景构建

随着计算机技术的迅速发展，开发了大量优秀的三维建模工具，如 AutoCAD、Maya、3ds Max、Google SketchUp、Skyline Globe 等。其中，3ds Max 具有完善的图形绘制功能，有强大的图形编辑功能，可以采用多种方式进行模型制作，实现多种图形格式的转换，具有较强的数据交换能力。同时 3ds Max 三维建模能力和精确度是其他软件不能比拟的，也正是因为追求精确而使得在建模上变得复杂[33,45,46]。

3ds Max 建模方法有很多种，例如，参数 haunted 的基础物体，扩展物体，门窗等；挤压、旋转、放样、布尔运算；编辑节点法等，总结归纳为：面片建模、NURBS 建模、形建模(Polygon)，多边形建模创建的物体表面由直线组成。

3ds Max 软件的设计界面与一般的应用软件界面通用，简单易学，所需要的操作按钮均在界面有所体现；采用所见即所得形式，与二维设计软件相比大大提高了设计效率，同时采用模块化标准设计模式，可以直接修改操作的参数、拓展三维模型图库、进行可持续动态修改；软件的视图主要包括顶视图、左视图、右视图、透视视图等，在相应的视图建模时可以方便地观察、调整整个三维模型的局部设计，简化立体设计的复杂思路，提高设计效率；软件通过渲染为模型添加灯光、纹理、凹凸等效果，可以添加 Vray 渲染插件，使模型的外形更加真实、更加丰富，具有立体感，增加了虚拟场景的真实感，也会增加用户的沉浸感；软件可以直接利用各种多边形工具对场景进行创建和修改，不需要书写大量的程序，简洁直观。

使用 3ds Max 软件，三维场景重构通过设置 3D 模型在场景中的位置、缩放比例、旋转方向，将一个个离散的 3D 模型组织成 3D 虚拟场景，并输出成场景结构图(如图 2.24 所示)，实现基于三维模型的地物场景仿真。

图 2.24　三维场景仿真效果图

第 3 章 大气偏振辐射传输特性及算法

3.1 大气的散射辐射偏振特性

对于航空或者卫星对地观测方式来说，地球大气层对所有的观测信号都作用了“两次”，在上行与下行的两个过程中地球大气层都会对信号进行吸收和散射，而定量化计算大气层对观测信号的吸收与散射作用就是辐射传输建模的主要内容。辐射传输计算已经被公认为是大气中太阳辐射传输的主要建模方法，本章讨论包含偏振的大气辐射传输以及气溶胶散射与吸收、气体分子散射与吸收、下垫面的影响等一系列大气辐射传输过程。并介绍有关气溶胶的一些概念，最后介绍偏振辐射传输方程和相应的数值求解方法。

3.1.1 大气散射和吸收

散射(scattering)的物理过程如下：位于电磁波辐射路径上的粒子从入射波中连续地提取能量，并且将这些能量向各个方向重新辐射出去，这个过程在整个电磁波频谱的所有波长上都会发生。散射的物理本质是：气体分子和颗粒物受电磁波照射后，电荷中心产生偏移而形成电偶极子，在电磁波的激发下形成受迫振动。受迫振动向四周发射次生电磁波，波长与入射波相同，相位有固定的关系，这种次生电磁波就是散射光。

在大气中造成散射的粒子尺度很宽，从气体分子(约 10^{-4}μm)、气溶胶(约 1μm)、小水滴(10μm)、冰晶(100μm)到大雨滴和冰雹粒(1cm)都会对光产生散射现象。粒子大小对散射的作用可以用尺度参数(x)来描述。对球形粒子而言，它的尺度参数定义为：$x = 2\pi r / \lambda$，这里 r 为粒子半径，在 $x \ll 1$ 的情况下的散射称为瑞利散射(Rayleigh scattering)，它是瑞利于 1871 年揭示的，在大气遥感探测中它一般是用来处理气体分子的散射；当 $x \geqslant 1$ 时的散射一般称为洛伦茨-米散射(Lorenz-Mie scattering), Lorenz 和 Mie 分别于 1890 年和 1908 年独立推导出平面波与各向同性均匀球形粒子相互作用的解,在大气遥感探测中一般用于计算气溶胶粒子的散射；小粒子总是倾向于在前向与后向两个方向上同等散射，当粒子变大时散射能量越来越集中于前向散射，散射情况也越来越复杂，这时($x \gg 1$)一般会采用几何分析来近似描述散射。在一些包含多个粒子的空间里，一些粒子会散射从其他粒子散射而来的光，称之为二次散射，同样有三次散射。多于一次的散射称之为多次散射。

光与粒子相互作用发生散射的同时也会发生吸收作用(absorption)，吸收的能量以其他的形式表现。散射和吸收使光束能量减弱，称之为消光(extinction)。在无吸收介质中，散射是唯一的消光过程。

在光散射和辐射传输学科里，习惯上使用截面(cross section)这个概念，它与粒子的几何面积类似，用来表示粒子从入射光里所移除的能量大小。当截面与粒子大小相联系时它的单位用面积来表示，因此便有散射截面(scattering cross section)、吸收截面(absorption cross section)和消光截面(extinction cross section)，同样，消光截面是吸收与散射截面之和。当截面相对单位质量而言时，在辐射传输研究中便使用质量截面的概念，同样有质量散射截面、质量吸收截面和质量消光截面。当消光截面与粒子数密度或者质量消光截面与密度相乘时便得到消光系数，同样地有散射系数和吸收系数。

粒子吸收的能量会导致发射(emission)，在辐射传输中它会导致某一方向上的辐射增强。

地球大气由两类气体组成：一类是浓度几乎恒定的气体；另一类是浓度有变化的气体。此外，大气中还包括气溶胶和云等成分。大气中的气体分子对来自太阳的光线具有吸收与散射的作用。散射随波长的变化是连续的，分子的电子跃迁只俘获特定频率的光子，因此分子吸收是不连续的，那么大气窗口主要由分子吸收决定。如图 3.1 所示，目前所使用的窗口可分以下几个。

(1) 0.15～0.20μm：远紫外窗口。

(2) 0.30～1.30μm：以可见光为主，包括部分紫外波段和近红外波段的窗口。它是目前遥感应用最广泛的窗口，可以用于成像摄影，也可用光谱测定仪和射线测定仪进行测量与记录。

(3) 1.40～1.90μm：近红外窗口，透过率变化在 60%～95%，其中以 1.55～1.75μm 波段窗口最有利于遥感。

(4) 2.05～3.00μm：近红外窗口，透射率超过 80%，其中以 2.08～2.35μm 窗口最有利于遥感。

(5) 3.50～5.50μm：中红外窗口，透射率 60%左右，是遥感高温目标，如森林火灾、火山喷发等监测所用。

(6) 8～14μm：远红外窗口，透射率 80%左右，当物体温度在 27℃时，能测得其最大发射强度。

当波长大于 1.50cm 时为微波窗口，电磁波已完全不受大气干扰，即所谓“全透明”窗口。

一般大气遥感使用的是可见与近红外窗口。

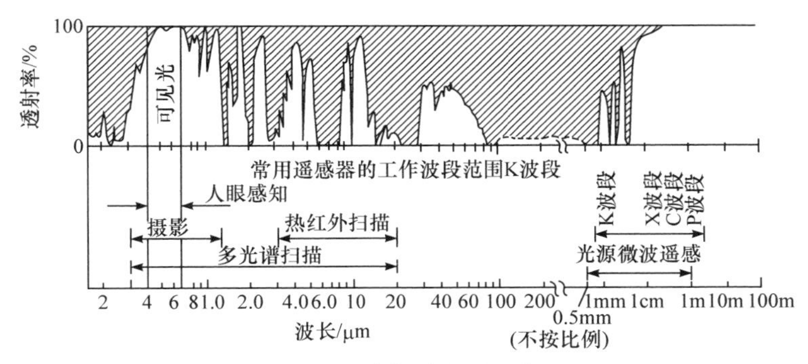

图 3.1　大气波段透过率

由前面的介绍可知，不同尺度的粒子与光的作用散射情况不同，为了更清楚地说明，定义相函数 $P(\cos\Theta)$ 来描述散射能量角分布的归一化情况：

$$\int_0^{2\pi}\int_0^{\pi}\frac{P(\cos\Theta)}{4\pi}\sin\Theta\mathrm{d}\Theta\mathrm{d}\phi=1 \tag{3.1}$$

则非偏振入射太阳光与分子作用后的瑞利散射相函数为

$$P(\cos\Theta)=\frac{3}{4}(1+\cos^2\Theta) \tag{3.2}$$

在具有各种用途的光散射物理定律中，瑞利散射($x\ll 1$)是最为简单却最为重要的实例，主要用来解释光与气体分子散射的过程。瑞利推导出了入射光(L_0)与分子相互作用后出射光(L)的分布，如式(3.3)所示：

$$L=\frac{L_0}{l^2}a^2\left(\frac{2\pi}{\lambda}\right)^4\frac{1+\cos^2\Theta}{2} \tag{3.3}$$

其中，l 为观测点与分子之间的距离，a 为分子极化率，λ 是波长。

按照相函数的定义，可以把式(3.3)写成：

$$L=\frac{L_0}{l^2}a^2\frac{128\pi^5}{3\lambda^4}\frac{P(\Theta)}{4\pi} \tag{3.4}$$

可见，散射光强度与散射相函数成正比。散射通量密度 (f) 由散射能量密度对距离散射元 l 处的适当面积进行积分得到，经过计算得到分子各向同性散射通量为

$$f=F_0a^2\frac{128\pi^5}{3\lambda^4} \tag{3.5}$$

式中， F_0 为入射通量密度。此时可以定义分子的散射截面为

$$\sigma_s \frac{f}{F_0} = \frac{128a^2\pi^5}{3\lambda^4} \tag{3.6}$$

则式(3.4)可以写成：

$$L(\Theta) = L_0 \frac{\sigma_s}{l^2} \frac{P(\Theta)}{4\pi} \tag{3.7}$$

此为散射强度的普遍表达式，它不仅适用于瑞利散射，对尺度大于入射波长的粒子也适用。

定义散射效率

$$Q_s = \frac{\sigma_s}{\pi r^2} \tag{3.8}$$

展开成如下形式：

$$Q_s = c_1 x^4 (1 + c_2 x^4 + c_3 x^4 + c_4 x^4 + \cdots) \tag{3.9}$$

其中，c_1、c_2 和 c_3 可以由球体洛伦茨-米散射理论导出。式中第一项是与瑞利散射有关的贡献，瑞利散射是洛伦茨-米散射在 $x \ll 1$ 时的近似。当 $x \geqslant 1$ 时，后面的项不能被忽略，将式(3.8)和式(3.9)代入式(3.7)，得到洛伦茨-米散射的强度分布与相函数之间的关系。在 $x \gg 1$ 的情况下，需要计算的项数更多，计算通常十分复杂并且耗时，这时运用几何光学里的光线追踪法会更合适，这种处理要相对简单一些，计算速度快，并且它得到的解与精确的数值解非常接近。

考虑一束光与粒子相互作用的情况，入射光(inc)与粒子相互作用产生散射光(sca)，它们之间的关系可以表述成如下形式：

$$\begin{bmatrix} E_{/\!/}^{\mathrm{sca}} \\ E_{\perp}^{\mathrm{sca}} \end{bmatrix} = \boldsymbol{S} \begin{bmatrix} E_{/\!/}^{\mathrm{inc}} \\ E_{\perp}^{\mathrm{inc}} \end{bmatrix} \tag{3.10}$$

式中，$\boldsymbol{S}$ 为与散射函数有关的矩阵，将式(3.10)表示成 Stokes 矢量式有

$$\begin{bmatrix} I^{\mathrm{sca}} \\ Q^{\mathrm{sca}} \\ U^{\mathrm{sca}} \\ V^{\mathrm{sca}} \end{bmatrix} = \boldsymbol{F} \begin{bmatrix} I^{\mathrm{inc}} \\ Q^{\mathrm{inc}} \\ U^{\mathrm{inc}} \\ V^{\mathrm{inc}} \end{bmatrix} \tag{3.11}$$

式中，$\boldsymbol{F}$ 被称为光散射的变换矩阵(transformation matrix)，与散射相矩阵之间的关系为

$$\boldsymbol{P}(\Theta) = \frac{1}{C} \frac{\boldsymbol{F}(\Theta)}{k^2 l^2} \tag{3.12}$$

系数 $C=\dfrac{\sigma_{\mathrm{s}}}{4\pi l^2}$，由相矩阵的第一个元素归一化来确定，形如：

$$\int_0^{2\pi}\int_0^{\pi}\frac{P_{11}}{4\pi}\sin\Theta\mathrm{d}\Theta\mathrm{d}\phi=1 \tag{3.13}$$

气溶胶散射的相矩阵共有 16 个元素，如果散射粒子是随机朝向、旋转对称和独立散射的，那么散射相矩阵就可以简化为只有 6 个独立元素的矩阵：

$$\boldsymbol{P}=\begin{bmatrix} P_{11} & P_{12} & 0 & 0 \\ P_{12} & P_{22} & 0 & 0 \\ 0 & 0 & P_{33} & P_{34} \\ 0 & 0 & -P_{34} & P_{44} \end{bmatrix} \tag{3.14}$$

据此可以定义不对称因子(asymmetry parameter)为

$$g=\frac{1}{2}\int_{-1}^{1}P_{11}\cos\Theta\mathrm{d}\cos\Theta \tag{3.15}$$

不对称因子用来表示粒子散射趋势，对于前向散射占主要成分的粒子，其不对称因子为正，后向散射强的粒子不对称因子为负，前后散射对称的粒子，则散射因子为 0。

Liou[47]于 2002 年给出了推导的米散射的散射函数：

$$\begin{cases} S_1(\Theta)=\displaystyle\sum_{n=1}^{\infty}\frac{2n+1}{n(n+1)}[a_n\pi_n(\cos\Theta)+b_n\tau_n(\cos\Theta)] \\ S_2(\Theta)=\displaystyle\sum_{n=1}^{\infty}\frac{2n+1}{n(n+1)}[b_n\pi_n(\cos\Theta)+a_n\tau_n(\cos\Theta)] \end{cases} \tag{3.16}$$

其中

$$\begin{cases} \pi_n(\cos\Theta)=\dfrac{1}{\sin\Theta}p_n^1(\cos\Theta) \\ \tau_n(\cos\Theta)=\dfrac{\mathrm{d}}{\mathrm{d}\Theta}p_n^1(\cos\Theta) \end{cases} \tag{3.17}$$

式中，$p_n^1(\cos\Theta)$ 为连带勒让德(Legendre)多项式，a_n 和 b_n 为散射解系数，由尺度参数(x)、折射指数(m)决定：

$$\begin{cases} a_n=\dfrac{\psi_n'(mx)\psi_n(x)-m\psi_n(mx)\psi_n'(x)}{\psi_n'(mx)\xi_n(x)-n\psi_n(mx)\xi_n'(x)} \\ a_n=\dfrac{m\psi_n'(mx)\psi_n(x)-\psi_n(mx)\psi_n'(x)}{m\psi_n'(mx)\xi_n(x)-\psi_n(mx)\xi_n'(x)} \end{cases} \tag{3.18}$$

式中

$$\begin{cases} \psi_n(x) = \sqrt{\dfrac{\pi x}{2}} J_{n+1/2}(x) \\ \xi_n(x) = \sqrt{\dfrac{\pi x}{2}} H_{n+1/2}^{(2)}(x) \end{cases} \tag{3.19}$$

其中，$J_{n+1/2}(x)$ 和 $H_{n+1/2}^{(2)}(x)$ 分别是贝塞尔(Bessel)函数和第二类汉克尔(Hankel)函数。

参考式(3.10)，入射光(inc)与散射光(sca)分量之间关系为

$$\begin{bmatrix} E_{/\!/}^{\text{sca}} \\ E_{\perp}^{\text{sca}} \end{bmatrix} = \frac{\exp(-\text{i}kl + \text{i}kz)}{\text{i}kl} \begin{bmatrix} S_2(\Theta) & 0 \\ 0 & S_1(\Theta) \end{bmatrix} \begin{bmatrix} E_{/\!/}^{\text{inc}} \\ E_{\perp}^{\text{inc}} \end{bmatrix} \tag{3.20}$$

将式(3.20)代入式(3.11)有

$$\begin{bmatrix} I^{\text{sca}} \\ Q^{\text{sca}} \\ U^{\text{sca}} \\ V^{\text{sca}} \end{bmatrix} = \frac{\boldsymbol{F}}{k^2 l^2} \begin{bmatrix} I^{\text{inc}} \\ Q^{\text{inc}} \\ U^{\text{inc}} \\ V^{\text{inc}} \end{bmatrix} \tag{3.21}$$

其中，$\boldsymbol{F}$ 为与散射函数有关的矩阵：

$$\boldsymbol{F} = \frac{1}{2} \begin{bmatrix} (M_1 + M_2) & (M_2 - M_1) & 0 & 0 \\ (M_2 - M_1) & (M_1 + M_2) & 0 & 0 \\ 0 & 0 & 2S_{21} & -2D_{21} \\ 0 & 0 & 2D_{21} & 2S_{21} \end{bmatrix} \tag{3.22}$$

其分量分别如下：

$$\begin{cases} M_{1,2} = S_{1,2} S_{1,2}^* \\ S_{21} = \dfrac{1}{2}\left(S_1 S_2^* + S_2 S_1^*\right) \\ D_{21} = -\dfrac{i}{2}\left(S_1 S_2^* - S_2 S_1^*\right) \end{cases} \tag{3.23}$$

对单个球粒子而言其独立元素只有 4 个。其散射相矩阵

$$\boldsymbol{P} = \begin{bmatrix} P_{11} & P_{12} & 0 & 0 \\ P_{12} & P_{22} & 0 & 0 \\ 0 & 0 & P_{33} & P_{34} \\ 0 & 0 & -P_{34} & P_{44} \end{bmatrix} \tag{3.24}$$

$$\begin{cases} P_{11} = \dfrac{2\pi}{k_2\sigma_s}\left(S_1S_1^* + S_2S_2^*\right) \\ P_{12} = \dfrac{2\pi}{k_2\sigma_s}\left(S_2S_2^* - S_1S_1^*\right) \\ P_{33} = \dfrac{2\pi}{k_2\sigma_s}\left(S_2S_1^* + S_1S_2^*\right) \\ P_{34} = \dfrac{2\pi}{k_2\sigma_s}\left(S_2S_1^* - S_1S_2^*\right) \end{cases} \tag{3.25}$$

相应地，粒子散射、消光截面都可表达成 a_n 和 b_n 的函数：

$$\sigma_s = \frac{2\pi}{k^2}\sum_{n=1}^{\infty}(2n+1)(|a_n|^2 + |b_n|^2) \tag{3.26}$$

$$\sigma_e = \frac{2\pi}{k^2}\sum_{n=1}^{\infty}(2n+1)\mathrm{Re}(a_n + b_n) \tag{3.27}$$

若考虑非偏振光入射即 $[I_0,0,0,0]^{\mathrm{T}}$，那么按照式(3.21)，出射光便为 $[P_{11}I_0, P_{12}I_0,0,0]^{\mathrm{T}}$，相应的，出射光的线偏振度(p_1)为

$$p_1 = \frac{Q}{I} = \frac{P_{12}}{P_{11}} \tag{3.28}$$

瑞利在解释天空为何呈蓝色问题时推导出了在 $x \ll 1$ 情况下的散射分子散射的能量分布。因此式(3.21)可以取 $n=1$ 的第一项作为近似来表示瑞利散射的散射系数：

$$\begin{cases} S_1(\Theta) = \dfrac{3}{2}[a_1\pi_1(\cos\Theta) + b_1\tau_1(\cos\Theta)] \\ S_2(\Theta) = \dfrac{3}{2}[b_1\pi_1(\cos\Theta) + a_1\tau_1(\cos\Theta)] \end{cases} \tag{3.29}$$

此时连带 Legendre 多项式 $P_1^1(\cos\Theta) = \sin\Theta$，由式(3.17)和式(3.18)可得到

$$\begin{cases} a_1 = -\dfrac{\mathrm{i}2x^3}{3}\dfrac{m^2-1}{m^2+2} \\ |b_1| \ll |a_1| \end{cases} \tag{3.30}$$

以及

$$\begin{cases} \pi_1 = 1 \\ \tau_1 = \cos\Theta \end{cases} \tag{3.31}$$

即得

$$\begin{cases} S_1 = \dfrac{3}{2}a_1 \\ S_2 = \dfrac{3}{2}a_1\cos\Theta \end{cases} \tag{3.32}$$

将式(3.32)代入式(3.24)，可以得到瑞利散射相矩阵和散射截面等参数。但上述理论适用于均匀、各向同性粒子，实际空气分子并不是严格的各向同性，需要引入退偏因子 $\delta = 0.031$ 来修正[48]。修正后的散射矩阵如下：

$$\boldsymbol{P} = \frac{3(1-\delta)}{4(1+\delta/2)}\begin{bmatrix} \cos^2\Theta + 1 + \dfrac{2\delta}{1-\delta} & \cos^2\Theta - 1 & 0 & 0 \\ \cos^2\Theta - 1 & \cos^2\Theta + 1 & 0 & 0 \\ 0 & 0 & 2\cos\Theta & 0 \\ 0 & 0 & 0 & 2\dfrac{1-3\delta}{1-\delta}\cos\Theta \end{bmatrix} \tag{3.33}$$

由式(3.33)可知，非偏入射光经过瑞利散射之后的出射光线偏振度为

$$P_1 = \frac{\sin^2\Theta}{\cos^2\Theta + \dfrac{1+\delta}{1-\delta}} \tag{3.34}$$

在众多的非球形粒子散射计算理论中，T 矩阵方法由于其在物理概念和实际操作上的优势而受到了越来越多的重视，这主要得益于它的解析特性。更进一步，T 矩阵方法能够将对单个粒子的计算直接应用于随机朝向粒子群的散射计算，而不需要对一个粒子的散射截面和散射矩阵元素在不同的朝向分别计算然后积分，T 矩阵方法使用任意选择的朝向进行一次计算，然后使用解析的求平均方法来计算随机朝向粒子群的散射，比不同朝向数值积分的方法快几十倍。实际研究中，大气中粒子的形状千差万别，并可能与这些理想形状相差很远，因此大气粒子非球形模型的建模将成为定量遥感的一个重要的研究内容。

前面讨论的都是单个均质球形粒子对电磁波散射的过程，而实际发生的散射过程都是粒子群对光线进行散射的过程。需要把这些讨论推广到实例中去，导出消光参数和相函数的实用方程。假设粒子相互间距离足够远，同时这个距离比入射波长大得多。这种情况下就可以研究单一粒子的散射而不考虑其他粒子影响，各个粒子的散射强度可以叠加而不用考虑相位问题，这种散射称为独立散射。

考虑一种气溶胶实例，其粒子谱分布函数为 $n(r)$，假设粒子尺度范围为 $[r_1, r_2]$。粒子群的消光系数和散射系数分别定义如下：

$$\beta_{\mathrm{e}} = \int_{r_1}^{r_2} \sigma_{\mathrm{e}}(r) n(r) \mathrm{d}r \tag{3.35}$$

$$\beta_{\mathrm{s}}=\int_{r_1}^{r_2}\sigma_{\mathrm{s}}(r)n(r)\mathrm{d}r \tag{3.36}$$

气溶胶粒子样品的单次散射反照率为

$$\omega_0=\beta_{\mathrm{s}}/\beta_{\mathrm{e}} \tag{3.37}$$

式(3.37)代表光束受到散射的比例。

散射相矩阵是由表示取样粒子在一定半径范围内的散射强度和偏振态的无量纲参数组成的，因此它与粒子谱分布函数有关，在独立散射基础上通过对式(3.25)进行转化再积分得到

$$P_{11}=\frac{2\pi}{k^2}\frac{\int_{r_1}^{r_2}\left(S_1S_1^*+S_2S_2^*\right)n(r)\mathrm{d}r}{\int_{r_1}^{r_2}\sigma_{\mathrm{s}}n(r)\mathrm{d}r}=\frac{2\pi}{k^2\beta_{\mathrm{s}}}\int_{r_1}^{r_2}\left(S_1S_1^*+S_2S_2^*\right)n(r)\mathrm{d}r \tag{3.38}$$

同样

$$P_{12}=\frac{2\pi}{k^2\beta_{\mathrm{s}}}\int_{r_1}^{r_2}\left(S_2S_2^*-S_1S_1^*\right)n(r)\mathrm{d}r \tag{3.39}$$

$$P_{33}=\frac{2\pi}{k^2\beta_{\mathrm{s}}}\int_{r_1}^{r_2}\left(S_2S_1^*+S_1S_2^*\right)n(r)\mathrm{d}r \tag{3.40}$$

$$P_{34}=\frac{2\pi}{k^2\beta_{\mathrm{s}}}\int_{r_1}^{r_2}\left(S_2S_1^*-S_1S_2^*\right)n(r)\mathrm{d}r \tag{3.41}$$

3.1.2　大气偏振辐射参量

为了定量描述气溶胶散射与散射光辐射过程，按照形状、尺寸、化学成分、数量和时空分布对气溶胶进行研究。气溶胶与光相互作用的效果可以用谱分布、复折射指数、光学厚度等基本的光学与微物理特性参数来进行计算。而实际运用中，与气溶胶微物理和光学特性有关的参数就比较多，下面逐一介绍。

1. Stokes 矢量

光是横波，具有偏振特性。Erasmus Bartholinus 于 1670 年发现单光束透过方解石后，被分解成为两束光。1808 年，Malus 发现自然光在玻璃表面反射后产生了偏振现象，之后使用方解石晶体进行检测，指出自然光由两个振动方向相互垂直的偏振分量组成。1820 年，菲涅耳提出了菲涅耳波动光学理论，该理论全面地解释光波的反射、折射、干涉、衍射和偏振等现象。

依据波动光学理论，以电矢量 $\boldsymbol{E}$ 为代表来描述光的偏振现象。它垂直于光的传播方向，可以分解为两个相互垂直的振动分量 $E_x(\boldsymbol{r},t)$ 和 $E_y(\boldsymbol{r},t)$，可以采用波

动方程来描述如下：

$$\begin{cases}\nabla^2 E_x(\boldsymbol{r},t)=\dfrac{1}{c^2}\dfrac{\partial^2 E_x(\boldsymbol{r},t)}{\partial^2 t}\\ \nabla^2 E_y(\boldsymbol{r},t)=\dfrac{1}{c^2}\dfrac{\partial^2 E_y(\boldsymbol{r},t)}{\partial^2 t}\end{cases} \tag{3.42}$$

式中，c 为光速，$\boldsymbol{r}$ 为从坐标原点到光波传播至所在点的位置矢量，∇^2 为拉普拉斯算子。该方程有形式解：

$$\begin{cases}E_x(r,t)=E_{0x}\cos(\omega t-\boldsymbol{k}\cdot\boldsymbol{r}+\varphi_x)\\ E_y(r,t)=E_{0y}\cos(\omega t-\boldsymbol{k}\cdot\boldsymbol{r}+\varphi_y)\end{cases} \tag{3.43}$$

其中，$\boldsymbol{k}$ 为光波矢量，φ_x 和 φ_y 表示偏振分量在坐标原点处的相位，E_{0x} 和 E_{0y} 分别为 x 方向和 y 方向的振幅。

在实际运算过程中，假设光波沿 z 轴传播，$E_x(\boldsymbol{r},t)$ 和 $E_y(\boldsymbol{r},t)$ 可以写为

$$\begin{cases}E_x(z,t)=E_{0x}\cos(\omega t-kz+\varphi_x)\\ E_y(z,t)=E_{0y}\cos(\omega t-kz+\varphi_y)\end{cases} \tag{3.44}$$

式中，$\omega=2\pi f$ 为光波的角频率，$k=2\pi/\lambda$ 为波矢量。

对式(3.44)进行变换，消除时间变量 t，可以得到

$$\left(\frac{E_x(z,t)}{E_{0x}}\right)^2+\left(\frac{E_y(z,t)}{E_{0y}}\right)^2-2\left(\frac{E_x(z,t)}{E_{0x}}\right)\left(\frac{E_y(z,t)}{E_{0y}}\right)\cos\varphi=\sin^2\varphi \tag{3.45}$$

式中，相位差 $\varphi=\varphi_y-\varphi_x$，从形式上看，式(3.45)为一个二次曲线方程式。该曲线的判别式

$$\begin{vmatrix}\dfrac{1}{E_{0x}^2} & -\dfrac{\cos\varphi}{E_{0x}E_{0y}}\\ -\dfrac{\cos\varphi}{E_{0x}E_{0y}} & \dfrac{1}{E_{0y}^2}\end{vmatrix}=\frac{\sin^2\varphi}{E_{0x}^2E_{0y}^2}\geqslant 0 \tag{3.46}$$

由于判别式不小于 0，电矢量终点位置的运动轨迹为椭圆，称为椭圆偏振光。椭圆偏振光示意图如图 3.2 所示。

图 3.2 中，α 为椭圆长轴方向与 x 参考方向的夹角，是椭圆偏振光的方位角。式(3.45)中的相位差和振幅的取值决定了偏振光的偏振态。如果 $2m\pi<\varphi<(2m+1)\pi$ (m 为整数)，则为右旋椭圆偏振光；如果 $(2m-1)\pi<\varphi<2m\pi$ (m 为整数)，则为左旋椭圆偏振光；如果 $\varphi=m\pi$ (m 为整数)，则椭圆表达式退化为一条直线，

成为线偏振光；如果 $E_{0y}=E_{0x}=E_0$，且相位差 $\varphi=\frac{m\pi}{2}$（$|m|$ 为奇数），椭圆方程退化为圆方程 $E_x^2+E_y^2=E_0^2$，此时称为圆偏振光。

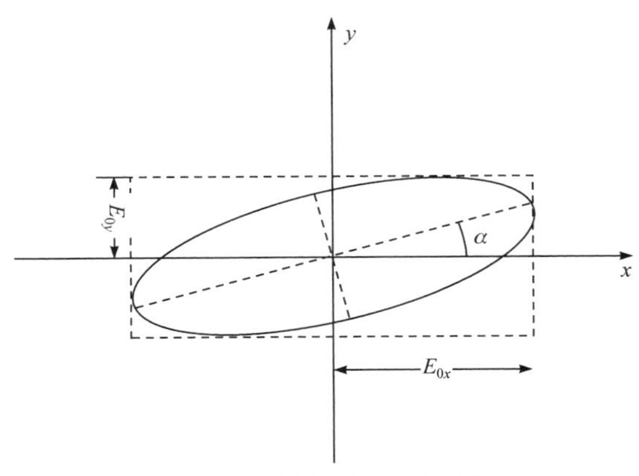

图 3.2　椭圆偏振光示意图

偏振光偏振态的表示方法有很多种，最基本的方法是采用数学表示方法[49]。可以由两个振动分量的振幅和相位差来表征。通常以 $E_{//}$ 和 $E_{\perp}$ 分别代表与参考平面平行和垂直的电场。一般情况下，参考平面就是散射平面，它是包含入射光方向和散射光方向的平面。

电场强度是复振动函数，可以表示成如下形式：

$$E_{//}=a_{//}\exp[-\mathrm{i}(\xi+\delta_{//})] \tag{3.47}$$

$$E_{\perp}=a_{\perp}\exp[-\mathrm{i}(\xi+\delta_{\perp})] \tag{3.48}$$

式中，$a_{//}$ 与 $a_{\perp}$ 是振幅，$\delta_{//}$ 和 $\delta_{\perp}$ 是相位，$\xi=kz-\omega t$，$k=2\pi/\lambda$，ω 是圆频率，i 是复数单位。

琼斯矢量也是表示偏振光的常用方法。但是，琼斯矢量只适合用来表示单色的且是全偏振状态的偏振光。在实际遥感研究中，探测器接收到的光波是非单色的部分偏振光，因此为了描述电磁波的偏振性质，通常采用 Stokes 矢量来描述被测光的偏振状态。

Stokes 矢量包含 4 个分量，由 Stokes 于 1852 年最先提出。

$$\begin{cases} I=E_{//}E_{//}^*+E_{\perp}E_{\perp}^* \\ Q=E_{//}E_{//}^*-E_{\perp}E_{\perp}^* \\ U=E_{//}E_{\perp}^*+E_{\perp}E_{//}^* \\ V=-\mathrm{i}(E_{//}E_{\perp}^*-E_{\perp}E_{//}^*) \end{cases} \tag{3.49}$$

式中，*表示复共轭，I、Q、U 和 V 都是实数，具有辐射强度单位。这四个参数可以组成一个列矩阵$[I,Q,U,V]^{\mathrm{T}}$。这个列矩阵可以完整地表征电磁波的偏振状态，称为 Stokes 矢量。将式(3.47)和式(3.48)代入式(3.49)，再考虑时间上的平均可得

$$\begin{cases} I = \left\langle a_{//}^2 \right\rangle + \left\langle a_{\perp}^2 \right\rangle = I_{//} + I_{\perp} \\ Q = \left\langle a_{//}^2 \right\rangle - \left\langle a_{\perp}^2 \right\rangle = I_{//} - I_{\perp} \\ U = \left\langle 2a_{//}a_{\perp}\cos(\delta_{//} - \delta_{\perp}) \right\rangle \\ V = \left\langle 2a_{//}a_{\perp}\sin(\delta_{//} - \delta_{\perp}) \right\rangle \end{cases} \tag{3.50}$$

算符< >表示时间平均，$I_{//}$ 和 $I_{\perp}$ 分别表示平行与垂直分量的强度。容易得到

$$I^2 \geqslant Q^2 + U^2 + V^2 \tag{3.51}$$

据此可以定义偏振度(p)与线偏振度(p_1)，即

$$p = \frac{\sqrt{Q^2 + U^2 + V^2}}{I} \tag{3.52}$$

$$p_1 = \frac{\sqrt{Q^2 + U^2}}{I} \tag{3.53}$$

根据偏振度定义：太阳光为非偏光，偏振度为 0，部分偏振光偏振度在 0 到 1 之间，全偏光偏振度为 1，即满足 $I^2 = Q^2 + U^2 + V^2$。线偏振的偏振角(χ)可由式(3.54)给出

$$\chi = \frac{\arctan(U / Q)}{2} \tag{3.54}$$

2. Ångström 指数

埃斯特朗(Ångström)指数气溶胶粒子的谱分布满足荣格(Junge)分布时，存在如下的关系：

$$\tau(\lambda) = \beta\lambda^{-\alpha} \tag{3.55}$$

其中，$\tau(\lambda)$ 是波长为 λ 处的气溶胶光学厚度，α 为 Ångström 指数，指示粒子大小，描述气溶胶光学厚度随波长的变化关系，粒子尺度越大 α 的值越小，β 为大气浑浊度系数，与气溶胶粒子浓度、复折射指数等相关。在实际应用中，α 通过式(3.56)结合光学厚度求得[50]，即

$$\alpha = -\frac{\ln(\tau_{\lambda} / \tau_{\lambda_0})}{\ln(\lambda / \lambda_0)} \tag{3.56}$$

3. 气溶胶粒子谱分布

大气中存在大量粒子群，它们由不同粒径的粒子组成，粒子群的特性与单个粒子特性有所不同。为了描述气溶胶粒子群的特性，人们使用粒子谱分布来描述不同粒径的粒子数。

粒子谱分布函数 $n(r)$就是单位体积内气溶胶粒子数随半径变化的函数，于是有

$$N=\int_0^{\infty} n(r)\mathrm{d}r \tag{3.57}$$

通常粒子谱分布函数都写成粒子数谱分布形式($\mathrm{d}N/\mathrm{d}r$)，表示每单位体积内每单位粒子间隔内的粒子个数；也可写成体积谱形式($\mathrm{d}V/\mathrm{d}\ln r$)，表示每单位体积每单位粒子间隔内的粒子体积。粒子数谱分布形式与体积谱分布形式可以互相转换：

$$\frac{\mathrm{d}V}{\mathrm{d}\ln r}=\frac{4}{3}\pi r^4\frac{\mathrm{d}N}{\mathrm{d}r} \tag{3.58}$$

通过对实际气溶胶粒子的长期观测研究发现气溶胶粒子分布有固定的特征，因此可以用统计的方式来表述粒子谱分布函数，比较常用的气溶胶粒子谱分布函数有荣格(Junge)谱、伽马(Gamma)谱、修正伽马谱、对数正态(Log-normal)谱等。

20 世纪中期，Junge 在大量观测的基础上提出用负指数函数来描述谱分布，称之为 Junge 谱，其形式为

$$\frac{\mathrm{d}N}{\mathrm{d}r}=0.4343Cr^{-(v+1)} \tag{3.59}$$

式中，C 为与气溶胶粒子浓度有关的常数，指数 v 一般在 2～4，用来描述粒子群粒径大小。Junge 谱可以近似描述干洁大气中半径在 0.1～2μm 的气溶胶粒子分布。Ångström 指数(α)与 Junge 谱指数 v 之间的关系为：$v=\alpha+2$。

Gamma 谱的形式为

$$\frac{\mathrm{d}N}{\mathrm{d}r}=\frac{1}{ab\Gamma\left(\frac{1-2b}{b}\right)}\left(\frac{r}{ab}\right)^{(1-3b)/b}\exp\left(-\frac{r}{ab}\right) \tag{3.60}$$

式中，a、b 是常数，Γ 是 Gamma 函数。

修正 Gamma 谱是由 Deirmendijian 于 1969 年提出的，其形式为

$$\frac{\mathrm{d}N}{\mathrm{d}r}=ar^{\alpha}\exp(-br^{\beta}) \tag{3.61}$$

其中，a、b 与 β 为正实数，α 为整数。

Log-normal 谱的形式如下：

$$\frac{\mathrm{d}N}{\mathrm{d}r}=\frac{C}{\sqrt{2\pi}r\sigma}\exp\left[\frac{(\ln r-\ln r_{\mathrm{m}})^2}{2\sigma^2}\right] \tag{3.62}$$

其中，C 为归一化粒子数常数，σ 为标准偏差，r_{m} 为平均半径。

4. 有效半径与有效方差

描述粒子群尺度的有效半径(R_{eff})与有效方差(σ_{eff})分别定义如下：

$$R_{\mathrm{eff}}=\frac{\int_0^{\infty} rn(r)r^2\,\mathrm{d}r}{\int_0^{\infty} n(r)r^2\,\mathrm{d}r} \tag{3.63}$$

$$\sigma_{\mathrm{eff}}=\frac{\int_0^{\infty}(r-R_{\mathrm{eff}})^2 n(r)r^2\,\mathrm{d}r}{R_{\mathrm{eff}}{}^2\int_0^{\infty} n(r)r^2\,\mathrm{d}r} \tag{3.64}$$

5. 复折射指数

复折射指数(m)是由气溶胶化学成分决定的，它是一个复数，是吸收性介质最主要的光学参数。

$$m=n+k\mathrm{i} \tag{3.65}$$

实部(n)是介质的折射率，决定于电磁波在介质中的传播速度；虚部(k)决定于电磁波在吸收介质中的衰减，与介质对该波长电磁波的吸收能力有关。一般在可见与近红外波段粒子的复折射指数实部的变化不大，干粒子一般在 1.5～1.6 范围内，湿粒子一般比较接近于水的折射率大约为 1.33。虚部则变化较大。煤烟粒子吸收性较强，其虚部也较大；沙尘粒子虚部在 0.01 附近；海盐粒子在 0.0001～0.001[51]。

6. 散射系数与消光系数

如前所述，气溶胶的散射和吸收是气溶胶的两个消光过程。单个粒子的消光能力可以用消光截面(σ_{ext})来表示，粒子消光能力也可以表示为粒子吸收与散射能力之和，即

$$\sigma_{\mathrm{ext}}=\sigma_{\mathrm{abs}}+\sigma_{\mathrm{sca}} \tag{3.66}$$

式中，σ_{abs} 为粒子吸收截面，σ_{sca} 为粒子散射截面。

根据参考单位不同，粒子散射系数可分为质量散射系数和体积散射系数。质量散射系数($\mathrm{m^2/kg}$)是指单位质量的所有粒子散射截面的和，体积散射系数

(m^2/m^3)是指单位体积内所有粒子散射截面的和。可以写成如下形式：

$$\beta_{\text{sca}}=\sum_{i=1}^{n}\sigma_{\text{sca,i}} \tag{3.67}$$

式中，n 为单位质量或者单位体积内的粒子数。体积散射系数与质量散射系数可以通过粒子密度相互转换。

与散射类似，吸收系数也分为体积吸收系数与质量吸收系数，用 $\beta_{\text{abs}}=\sum_{i=1}^{n}\sigma_{\text{abs,i}}$ 来表示。那么消光系数就可以表示为

$$\beta_{\text{ext}}=\beta_{\text{sca}}+\beta_{\text{abs}} \tag{3.68}$$

7. 光学厚度

气溶胶光学厚度是对气溶胶消光能力评估的一个无量纲参数，在大气探测中一般是指整层大气消光系数在垂直方向上的积分。在实际问题中，假设大气为平面平行大气，则高度 z 以上大气的气溶胶光学厚度可以定义为从高度 z 到大气层顶的气溶胶消光系数的积分，即

$$\tau(z)=\int_{z}^{\infty}\beta_{\text{ext}}(z')\mathrm{d}z' \tag{3.69}$$

从其定义可以看出，它是由气溶胶消光系数和路径共同决定的。因此，气溶胶光学厚度不仅与气溶胶数量有关，还与气溶胶消光特性有关。

8. 单次散射反照率

气溶胶单次散射反照率(single scattering albedo，SSA)是气溶胶散射截面与消光截面的比值，用来衡量气溶胶粒子散射和吸收的相对重要性，即

$$\omega_0=\frac{\sigma_{\text{sca}}}{\sigma_{\text{ext}}} \tag{3.70}$$

从定义可以看出，ω_0 在 0 和 1 之间，对于非吸收性介质，$\omega_0=1$；对于全吸收介质，$\omega_0=0$。

3.1.3　大气偏振辐射特性分析

1. 瑞利散射偏振特性

纯净大气的主要成分是氮气占 78.1%、氧气占 20.9%，还有少量的二氧化碳、稀有气体(氦气、氖气、氩气、氪气、氙气、氡气)和水蒸气，这些气体分子大小

和光的波长具有可比性，满足瑞利散射的条件。图 3.3 为 665nm 波段气体分子散射偏振相函数，从图中可以看出，当散射角度为 90°时，散射光的偏振相函数达到最大值，从 90°向两侧对称分布。实际上由于污染悬浮物、尘埃、水滴和阴霾等粒子的存在，即使在最为理想的条件下，晴朗天空的偏振相函数最大值也仅为 0.7 左右。大气中的污染悬浮物、尘埃、水滴和阴霾等粒子的散射特性不满足瑞利散射条件，其散射特性可以通过米散射进行解释。

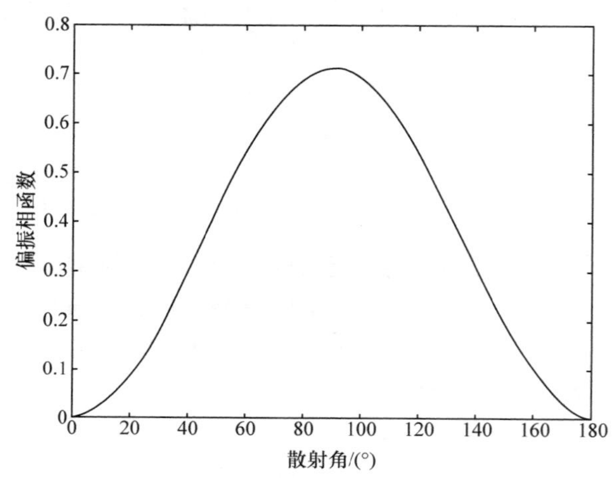

图 3.3　665nm 波段气体分子散射偏振相函数

2. 米散射偏振特性

实际大气中除了氧、氮等气体外，还悬浮着水滴(如云滴、雾滴)、冰晶和固体微粒(如尘埃、孢子、花粉等)，随着工业的发展和化石燃料如煤炭、石油、天然气等耗量的增多，这些悬浮颗粒和固体微粒在日趋增多。它们的分量在大气中含量并不高，但是对大气物理状况的影响却很大。这些悬浮颗粒和固体微粒的散射特性不满足瑞利散射原理，但是可以用米散射原理来解释，下面将在米散射原理的基础上，对上述粒子的散射特性做初步分析。

图 3.4 描述的是不同类型的气溶胶粒子随散射角的偏振相函数变化情况。Case 1 输入参数分别为 $n = 1.4 + 0.05\mathrm{i}$，r_m 0.1(Log-normal 谱)；Case 2 输入参数分别为 $n = 1.4 + 0.05\mathrm{i}$，r_m 0.5；Case 3 输入参数分别为 $n = 1.5 + 0.05\mathrm{i}$，r_m 0.1；Case 4 输入参数分别为 $n = 1.5 + 0.01\mathrm{i}$，r_m 0.1。从数据中可以看出，不同的输入参数对偏振相函数的影响是非常大的，说明气溶胶偏振特性对气溶胶类型非常敏感。气溶胶散射偏振相函数在散射角为 40°到 80°之间取极值，与非偏信息不同，偏振相函数极值并非出现在前身散射处。

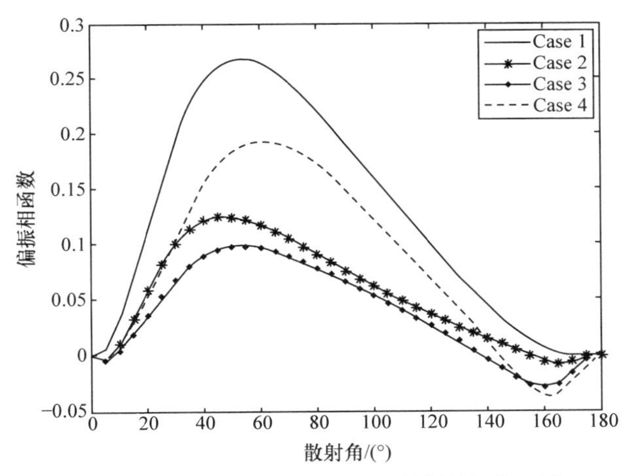

图 3.4　665nm 波段气溶胶粒子散射偏振相函数

3.2　矢量辐射传输及其数值解法

3.2.1　大气辐射传输过程

1. 布格-朗伯定律

不考虑多次散射和发射贡献，辐亮度为 I_λ 的辐射沿长度为 ds 的路径传播，穿过介质时被衰减，辐亮度发生变化，可表示为

$$\mathrm{d}I_\lambda = -k_\lambda \rho \mathrm{d}s \cdot I_\lambda \tag{3.71}$$

式中，ρ 是介质的密度，k_λ 是对波长为 λ 辐射的质量消光截面。此式是布格-朗伯定律的微分形式。对上式进行积分，即可得到按指数形式衰减的辐亮度：

$$I_\lambda(s) = I_\lambda(0)\exp\left(-\int_0^s k_\lambda \rho \mathrm{d}s\right) \tag{3.72}$$

式(3.72)是布格-朗伯定律的积分形式，描述了忽略多次散射和发射贡献影响时，辐亮度通过均匀介质传播的衰减。

定义点 s_1 和 s_2 路径之间介质的光学厚度为

$$\tau_\lambda = -\int_{s_1}^{s_2} k_\lambda \rho \mathrm{d}s \tag{3.73}$$

2. 通用辐射传输方程

辐射亮度会由于相同波长上物质的发射和多次散射而增强，多次散射使其他方向的部分辐射进入所研究的方向。定义源函数系数 j_λ，表示由于发射和多次散

射贡献，则辐亮度增加为

$$\mathrm{d}I_{\lambda} = -j_{\lambda}\rho\mathrm{d}s \tag{3.74}$$

式中，j_{λ} 具有与消光截面 k_{λ} 相同的物理意义。

考虑发射和多次散射后，经过路径 ds 的介质传输后，辐亮度可表示为

$$\mathrm{d}I_{\lambda} = -k_{\lambda}\rho\mathrm{d}s\cdot I_{\lambda} + j_{\lambda}\rho\mathrm{d}s \tag{3.75}$$

定义源函数

$$J_{\lambda} = \frac{j_{\lambda}}{k_{\lambda}} \tag{3.76}$$

源函数 J_{λ} 具有与辐亮度 I_{λ} 一样的物理单位，则辐亮度可表示为

$$\frac{\mathrm{d}I_{\lambda}}{k_{\lambda}\rho\mathrm{d}s} = -I_{\lambda} + J_{\lambda} \tag{3.77}$$

这是不考虑任何坐标系的辐射传输方程，是任何辐射传输方程的基础。

3. 平面平行假设的辐射传输方程

研究行星大气辐射传输问题时，通常假定大气是平面平行的，大气参数在垂直方向上变化。用 z 表示垂直方向的距离，则辐射传输方程可化为

$$-\cos\theta\frac{\mathrm{d}I(z,\theta,\varphi)}{\kappa\rho\mathrm{d}z} = I(z,\theta,\varphi) - J(z,\theta,\varphi) \tag{3.78}$$

由大气层顶向下的光学厚度为

$$\tau = \int_{z}^{\infty}\kappa\rho\mathrm{d}z \tag{3.79}$$

$$\mu\frac{\mathrm{d}I(\tau,\mu,\varphi)}{\mathrm{d}\tau} = I(\tau,\mu,\varphi) - J(\tau,\mu,\varphi) \tag{3.80}$$

这里考虑在大气层顶和大气层底有边界的有限大气。对上式进行积分得到上行辐亮度

$$I(\tau,\mu,\varphi) = I(\tau',\mu,\varphi)\mathrm{e}^{-(\tau'-\tau)/\mu} + \int_{\tau}^{\tau'} J(\tau',\mu,\varphi)\mathrm{e}^{-(\tau'-\tau)/\mu}\frac{\mathrm{d}t}{\mu} \tag{3.81}$$

和下行辐亮度

$$I(\tau,-\mu,\varphi) = I(\tau',-\mu,\varphi)\mathrm{e}^{-\tau/\mu} + \int_{0}^{\tau} J(\tau',-\mu,\varphi)\mathrm{e}^{-(\tau-\tau')/\mu}\frac{\mathrm{d}t}{\mu} \tag{3.82}$$

大气层顶 $(\tau = 0)$ 和大气层底部 $(\tau = \tau_1)$ 的边界条件为

$$I(\tau = 0,-\mu,\varphi) = 0$$

$$I(\tau=\tau_1,\mu,\varphi)=0 \tag{3.83}$$

式中，τ_1 为大气层底部的光学厚度。

3.2.2　矢量辐射传输模型

考虑辐射的偏振特性传输，则前面辐射传输方程的矢量形式为

$$\mu\frac{\mathrm{d}\boldsymbol{I}(\tau,\mu,\varphi)}{\mathrm{d}\tau}=\boldsymbol{I}(\tau,\mu,\varphi)-\boldsymbol{J}(\tau,\mu,\varphi) \tag{3.84}$$

在矢量传输问题中，入射和出射光的 Stokes 矢量是针对各自传输方向所在的子午面为参考平面的，因此在矢量辐射传输过程中，需要考虑参考面的变换。如图 3.5 所示，入射光方向为 OP_1 方向，出射方向为 OP_2 方向，(θ_0,ϕ_0) 是入射光的天顶角和方位角，(θ,ϕ) 是出射光的天顶角和方位角，Θ 是散射角，为入射光和出射光之间的夹角。

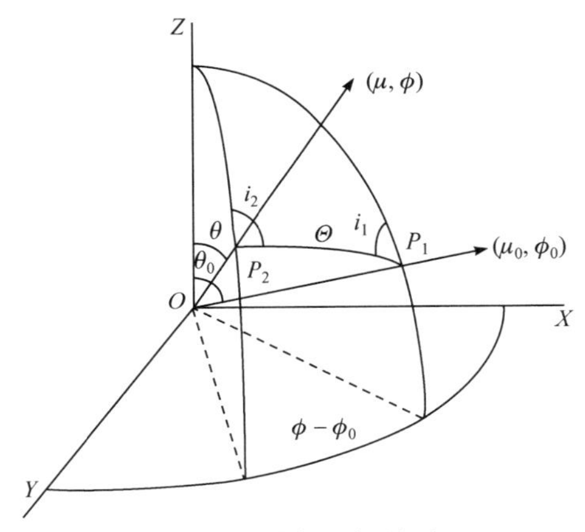

图 3.5　散射几何关系

散射矩阵是相对于散射平面定义的，在矢量辐射传输中，需要使用旋转矩阵来进行变换，求得出射光 Stokes 矢量。旋转矩阵为

$$\boldsymbol{L}(\chi)=\begin{bmatrix}1 & 0 & 0 & 0\\ 0 & \cos 2\chi & \sin 2\chi & 0\\ 0 & -\sin 2\chi & \cos 2\chi & 0\\ 0 & 0 & 0 & 1\end{bmatrix} \tag{3.85}$$

因此有

$$\boldsymbol{P}(\mu_0,\phi_0,\mu,\phi)=\boldsymbol{L}(\pi-i_2)\boldsymbol{P}(\Theta)\boldsymbol{L}(-i_1) \tag{3.86}$$

不考虑大气和地表的发射辐射，源函数可以写为

$$
\begin{aligned}
\boldsymbol{J}(\tau;\mu,\phi) &= \frac{\omega_0}{4\pi}\boldsymbol{P}(\mu,\phi,\mu_0,\phi_0)\boldsymbol{E}_0\,\mathrm{e}^{-\tau/\mu_0} \\
&\quad + \frac{\omega_0}{4\pi}\int_0^{2\pi}\int_{-1}^{1}\boldsymbol{P}(\mu,\phi,\mu',\phi')\boldsymbol{I}(\tau;\mu',\phi')\mathrm{d}\mu'\mathrm{d}\phi'
\end{aligned} \tag{3.87}
$$

式(3.87)右边第一项为太阳直射到(μ,φ)方向的一次散射，第二项为多次散射项。其中 ω_0 是单次散射反照率，$\boldsymbol{E}_0$ 是太阳入射的 Stokes 矢量，$\boldsymbol{E}_0 = E_0\,[1，0，0，0]^{\mathrm{T}}$。

3.2.3　矢量辐射传输模型的求解及算法实现

1. 相矩阵的 Legendre 展开

求解矢量辐射传输方程时，通常将相矩阵展开成一系列的 Legendre 多项式形式，用有限的项数近似表达散射相矩阵。

$$
\begin{aligned}
P_{11}(\Theta) &= \sum_{l=0}^{L}\beta_l P_l(\cos\Theta) \\
P_{21}(\Theta) &= P_{12}(\Theta) = \sum_{l=2}^{L}\gamma_l P_2^l(\cos\Theta) \\
P_{22}(\Theta) &= \sum_{l=2}^{L}[\alpha_l R_2^l(\cos\Theta) + \varsigma_l T_2^l(\cos\Theta)] \\
P_{33}(\Theta) &= \sum_{l=2}^{L}[\varsigma_l R_2^l(\cos\Theta) + \alpha_l T_2^l(\cos\Theta)] \\
P_{43}(\Theta) &= -P_{34}(\Theta) = \sum_{l=2}^{L}\varepsilon_l P_2^l(\cos\Theta) \\
P_{44}(\Theta) &= \sum_{l=0}^{L}\delta_l P_l(\cos\Theta)
\end{aligned} \tag{3.88}
$$

式中，L 为 Legendre 多项式展开次数，R_2^l 和 T_2^l 由式(3.89)和式(3.90)决定：

$$
R_s^l(\cos\Theta) = \frac{[P_{s,2}^l(\cos\Theta) + P_{s,2}^l(\cos\Theta)]}{2} \tag{3.89}
$$

$$
T_s^l(\cos\Theta) = \frac{[P_{s,2}^l(\cos\Theta) - P_{s,2}^l(\cos\Theta)]}{2} \tag{3.90}
$$

$P_{m,n}^l(\cos\Theta)$ 为归一化 Legendre 函数，当 m 和 n 为 0 时，该式就变成常规的 Legendre 多项式 $P_l(\cos\Theta)$，只当 n 为 0 时 $P_m^l(\cos\Theta)$ 为连带 Legendre 多项式，β_l、γ_l、α_l、ς_l、ε_l 和 δ_l 为展开系数。

在辐射传输模拟计算中广泛应用的相矩阵是瑞利散射相矩阵，$L=2$，此时：

$$
\begin{cases}
\beta_0 = 1, \quad \beta_1 = 0, \quad \beta_2 = x/2 \\
\delta_0 = 0, \quad \delta_1 = 3y/2 \\
\gamma_2 = -(3/2)^{1/2}x, \quad \alpha_2 = 3x \\
\varepsilon_2 = \varsigma_2 = 0
\end{cases}
\tag{3.91}
$$

式中

$$
\begin{cases}
x = 2(1-\delta)/(2+\delta) \\
y = 2(1-3\delta)/(2+\delta)
\end{cases}
\tag{3.92}
$$

其中，δ 为大气分子退偏因子。

2. 相函数的截断

对于前向散射较强的粒子，需要用足够大阶数的 Legendre 展开才能对原散射相函数进行重构，增加了计算时间和求解的不稳定性。

Wiscombe[52]提出了一种有效截断相函数的 Delta-M 方法，可以很好地近似原相函数。用 M 项的 Legendre 多项式给出截断的相函数：

$$
\begin{aligned}
P'(\cos\theta) &= \sum_{l=0}^{M-1} C_l' P_l(\cos\theta) \\
&= \sum_{l=0}^{M-1} \left[C_l - \left(\frac{2l+1}{2M+1} \right) \cdot C_M \right] \Big/ \left(1 - \left(\frac{C_M}{2M+1} \right) \right) \cdot P_l(\cos\theta)
\end{aligned}
\tag{3.93}
$$

Hu 等[53]进一步优化了 Wiscombe 的方法，在 Delta-M 方法的基础上用非线性加权拟合相函数展开，即 Delta-Fit 相函数截断，利用系数 $C'_{\mathrm{Hu},l}$ 的最小二乘拟合计算相函数

$$
\frac{\partial}{\partial C'_{\mathrm{Hu},l}} \sum_i W_i \left[\frac{\sum_{k=0}^{M-1} C'_{\mathrm{Hu},l} \cdot P_k(\cos\theta_i)}{P(\cos\theta_i)} - 1 \right]^2 = 0 \tag{3.94}
$$

Delta-Fit 方法中，规定在前向附近的小角度区域内(如 $\theta_i < 3°$) W_i 的值为 0，归一化后的截断函数为

$$
P'(\cos\theta) = \frac{1}{C'_{\mathrm{Hu},0}} \sum_{l=0}^{M-1} C'_{\mathrm{Hu},l} P_l(\cos\theta) \tag{3.95}
$$

3. 矢量辐射传输方程的 Fourier 展开

对 Stokes 矢量进行 Fourier 变换为

$$\boldsymbol{I}(\tau;\mu,\phi)=\sum_{m=0}^{N-1}(2-\delta_{m0})\begin{pmatrix} I^m(\tau,\mu)\cdot\cos m\varphi \\ Q^m(\tau,\mu)\cdot\cos m\varphi \\ U^m(\tau,\mu)\cdot\sin m\varphi \\ V^m(\tau,\mu)\cdot\sin m\varphi \end{pmatrix} \tag{3.96}$$

散射相矩阵进行 Fourier 变换

$$\boldsymbol{P}(\mu,\mu',\phi)=\sum_{m=0}^{M}(2-\delta_{m0})\cos m\varphi\boldsymbol{P}^m(\mu,\mu') \tag{3.97}$$

式中，$m=0$ 或者 1。

目前国际上针对不同的应用目的，建立了多种矢量辐射传输模型，主要包括逐次散射方法(successive order of scattering，SOS)、离散纵坐标方法(discrete ordinate method)、倍加累加法(double-adding method)和蒙特卡罗(Monte-Carlo)模拟方法等，这些方法各有不同的优点和不足。

4. 逐次散射方法

SOS[54]以单次散射近似为基础，不需要求解出微分形式的基本辐射传输方程，而直接沿光路积分，并将介质不均匀结构融合在计算之中。但是，该方法的计算量较大。

SOS 法使用计算机模拟多次散射的物理过程，物理意义直观明确，计算精度和速度均衡，适合于将任意复杂 BPDF 边界条件耦合到算法中，是目前地气、海气系统的大气辐射传输广泛采用的有效和准确算法之一。

SOS 算法中，考虑独立层(光学厚度 $\Delta\tau$)，辐射被分解为所有各次散射的贡献，即

$$\boldsymbol{I}^{(m)}(\tau,\mu)=\sum_{n=0}^{N-1}I_n^{(m)}(\tau,\mu) \tag{3.98}$$

式中，下标 n 是散射次数，实际应用中，$n>N$ 的散射是可以忽略的，尤其是吸收性的大气。假设没有吸收，并且相函数不随光学厚度变化，考虑一次散射贡献，有

$$\boldsymbol{I}_1^{(m)}(\tau,\mu)=\frac{1}{4\pi}\cdot\left(\frac{\mu_0}{\mu+\mu_0}\right)\cdot\boldsymbol{I}_{\mathrm{dir}}(\tau=0)\cdot\mathrm{e}^{-\tau/\mu_0}\times\left[1-\mathrm{e}^{-(\Delta\tau-\tau)\cdot(1/\mu+1/\mu_0)}\right]\cdot\boldsymbol{P}^{(m)}(-\mu_0,\mu),\quad \mu>0 \tag{3.99}$$

$$\boldsymbol{I}_1^{(m)}(\tau,-\mu)=\frac{1}{4\pi}\cdot\left(\frac{\mu_0}{\mu_0-\mu}\right)\cdot\boldsymbol{I}_{\mathrm{dir}}(\tau=0)\cdot\mathrm{e}^{-\tau/\mu_0}\times\left[1-\mathrm{e}^{-\tau\cdot(1/\mu-1/\mu_0)}\right]\cdot\boldsymbol{P}^{(m)}(-\mu_0,-\mu),\quad \mu>0\text{且}\mu\neq\mu_0 \tag{3.100}$$

$$\boldsymbol{I}_1^{(m)}(\tau,-\mu)=\frac{1}{4\pi}\cdot\left(\frac{\tau}{\mu_0}\right)\cdot\boldsymbol{I}_{\text{dir}}(\tau=0)\cdot\mathrm{e}^{-\tau/\mu_0}\cdot\boldsymbol{P}^{(m)}(-\mu_0,-\mu),\quad \mu>0\text{且}\mu=\mu_0 \tag{3.101}$$

二次和更高次散射的贡献表示为

$$\mu\frac{\mathrm{d}\boldsymbol{I}_n^{(m)}(\tau,\mu)}{\mathrm{d}\tau}=\boldsymbol{I}_n^{(m)}(\tau,\mu)-\boldsymbol{J}_n^{(m)}(\tau,\mu),\quad -1\leqslant\mu\leqslant1\text{且}\mu\neq\mu_0 \tag{3.102}$$

其中，源函数为

$$\boldsymbol{J}_n^{(m)}(\tau,\mu)=\frac{1}{4}(1+\delta_{m,0})\int_{-1}^{1}\boldsymbol{I}_{n-1}^{(m)}(\tau,\mu')\cdot\boldsymbol{P}^{(m)}(\mu,\mu')\mathrm{d}\mu' \tag{3.103}$$

5. 倍加累加法

倍加累加法将大气划分为不同的层，用反射矩阵、透射矩阵和源矢量来表示每个层的矢量辐射传输特性，如果两个介质层的反射与透射性质已知，那么它们组合层的辐射和透射性质可以通过计算两层之间的连续反射过程得到。

RT3 是倍加累加矢量辐射传输方程求解的计算模式，能够进行可见红外波段乃至微波波段的计算，大气分子和气溶胶可以灵活设置，也能对计算过程进行计算(如积分方式、傅里叶展开次数等)，地表类型可以设置为朗伯体也可以设置为制定菲涅耳反射系数的地表，但输入参数非常复杂，设定比较烦琐，编程语言为 Fortran。倍加累加法示意图如图 3.6 所示。

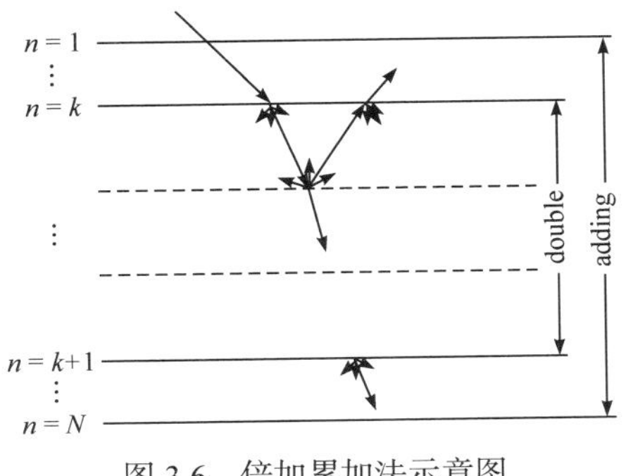

图 3.6　倍加累加法示意图

倍加累加法是一种处理垂直不均匀大气中多次散过程的有效方法，对光学厚度为 $\Delta\tau$ 的光学薄层，可以忽略多次散射对反射率和漫射透过率的贡献，得到反射和透射的傅里叶系数：

$$\boldsymbol{R}_{ji}^{(m)}=\frac{\tilde{\omega}}{4}\cdot\frac{\Delta\tau}{\mu_i\cdot\mu_j}\cdot\boldsymbol{P}^{(m)}(\mu_i,-\mu_j) \tag{3.104}$$

$$\boldsymbol{T}_{ji}^{(m)} = \frac{\tilde{\omega}}{4} \cdot \frac{\Delta\tau}{\mu_i \cdot \mu_j} \cdot \boldsymbol{P}^{(m)}(-\mu_i, -\mu_j) \tag{3.105}$$

光学厚度为 τ 的均匀光学厚层，分为 2^n 个薄层，由以上两式可以得到光学厚度为 $\tau/2^n$ 的反射和漫射透过率函数。利用倍加计算可以得到光学厚度为 $\tau/2^{n-1}$ 的子层的反射和透射特性。重复倍加计算，直到整个子层的光学厚度达到原介质层的大小。

利用双向反射和漫射透过率函数的零阶傅里叶系数来计算行星(或局地)反照率和透射率，即

$$\boldsymbol{R}_p(\mu_i) = 2\sum_{j=1}^{s} c_j \cdot \mu_j \cdot \boldsymbol{R}_{ij}^0 \tag{3.106}$$

$$\boldsymbol{T}_p(\mu_i) = 2\sum_{j=1}^{s} c_j \cdot \mu_j \cdot \boldsymbol{T}_{ij}^0 \tag{3.107}$$

为了有效近似计算大气中通量密度的垂直变化，将整个散射大气分为 $(N-1)$ 层。与第 l 层内多次散射相关的透射和反射的漫射通量密度可以表示为

$$\tilde{\boldsymbol{F}}_{2l+1} = \mu_k \cdot \boldsymbol{T}_p(\mu_k) \cdot \boldsymbol{S}_{\text{dir}} \cdot \exp\left(-\frac{1}{\mu_k} \cdot \sum_{i=1}^{l-1} \tau_i\right) \tag{3.108}$$

$$\tilde{\boldsymbol{F}}_{2l} = \mu_k \cdot \boldsymbol{R}_p(\mu_k) \cdot \boldsymbol{S}_{\text{dir}} \cdot \exp\left(-\frac{1}{\mu_k} \cdot \sum_{i=1}^{l-1} \tau_i\right) \tag{3.109}$$

6. 离散纵坐标法

离散纵坐标法是将辐射传输方程的积分-微分形式离散化为一组常微分方程。Stamnes 等[55]基于该方法发展了一个全面的辐射传输模型来计算随角度变化的辐亮度。Weng 等[56,57]将离散纵坐标的数值实现扩展到了偏振辐射传输。

为说明离散纵坐标的基本原理，首先看与方位角无关的辐亮度，即在直射辐射和发射都可以忽略时，漫射辐亮度傅里叶展开中 $m=0$ 的分量 $I_\lambda^{(0)}$ (例如，在光学厚度较大导致几乎完全衰减了直射辐射的厚水云层的下方区域)。并假设相函数各向同性，$P(\cos\theta)=1$。此时辐射传输方程可写为

$$\mu\frac{\mathrm{d}\boldsymbol{I}^0(\tau,\mu)}{\mathrm{d}\tau} = \boldsymbol{I}^0(\tau,\mu) - \frac{\tilde{\omega}(\tau)}{2}\int_{-1}^{1} \boldsymbol{I}^0(\tau,\mu')\mathrm{d}\mu' \tag{3.110}$$

利用高斯-洛巴托积分对上式中的积分进行离散化

$$\int_{-1}^{1} \boldsymbol{I}^{(0)}(\tau,\mu')\mathrm{d}\mu' = \sum_{j=-s}^{s} c_j \cdot \boldsymbol{I}^{(0)}(\tau,\mu_j) \tag{3.111}$$

则上行辐射和下行辐射可以分别表示为以下形式：

$$\mu_i \frac{\mathrm{d}\boldsymbol{I}_i^{\uparrow}(\tau)}{\mathrm{d}\tau} = \boldsymbol{I}_i^{\uparrow}(\tau) - \frac{\tilde{\omega}(\tau)}{2}\sum_{j=1}^{s} c_j \left[\boldsymbol{I}_j^{\uparrow}(\tau) + \boldsymbol{I}_j^{\downarrow}(\tau)\right] \tag{3.112}$$

$$-\mu_i \frac{\mathrm{d}\boldsymbol{I}_i^{\downarrow}(\tau)}{\mathrm{d}\tau} = \boldsymbol{I}_i^{\downarrow}(\tau) - \frac{\tilde{\omega}(\tau)}{2}\sum_{j=1}^{s} c_j \left[\boldsymbol{I}_j^{\uparrow}(\tau) + \boldsymbol{I}_j^{\downarrow}(\tau)\right] \tag{3.113}$$

式中，$c_j = c_{-j}$，且 $\mu_i > 0$，合并为简洁的矩阵形式

$$\frac{\mathrm{d}}{\mathrm{d}\tau}\begin{pmatrix} \vec{\boldsymbol{I}}^{\uparrow}(\tau) \\ \vec{\boldsymbol{I}}^{\downarrow}(\tau) \end{pmatrix} = \begin{pmatrix} \boldsymbol{IM}^{\uparrow\uparrow} & \boldsymbol{IM}^{\uparrow\downarrow} \\ \boldsymbol{IM}^{\downarrow\uparrow} & \boldsymbol{IM}^{\downarrow\downarrow} \end{pmatrix} \cdot \begin{pmatrix} \vec{\boldsymbol{I}}^{\uparrow}(\tau) \\ \vec{\boldsymbol{I}}^{\downarrow}(\tau) \end{pmatrix} \tag{3.114}$$

式中

$$\boldsymbol{IM}^{\downarrow\downarrow} = -\boldsymbol{IM}^{\uparrow\uparrow}, \quad \boldsymbol{IM}^{\downarrow\uparrow} = -\boldsymbol{IM}^{\uparrow\downarrow} \tag{3.115}$$

$$\begin{aligned} M_{ij}^{\uparrow\uparrow} &= \frac{\delta_{i,j} - c_j \cdot \tilde{\omega}(\tau)/2}{\mu_i} \\ M_{ij}^{\uparrow\downarrow} &= \frac{-c_j \cdot \tilde{\omega}(\tau)}{2\mu_i} \end{aligned} \tag{3.116}$$

假设 $\vec{\boldsymbol{I}}^{\uparrow}$ 和 $\vec{\boldsymbol{I}}^{\downarrow}$ 可由本征向量 $\vec{\boldsymbol{I}}_0^{\uparrow}$ 和 $\vec{\boldsymbol{I}}_0^{\downarrow}$ 及本征值 k 给出

$$\begin{pmatrix} \vec{\boldsymbol{I}}^{\uparrow}(\tau) \\ \vec{\boldsymbol{I}}^{\downarrow}(\tau) \end{pmatrix} = \begin{pmatrix} \vec{\boldsymbol{I}}_0^{\uparrow}(\tau) \\ \vec{\boldsymbol{I}}_0^{\downarrow}(\tau) \end{pmatrix} \cdot \mathrm{e}^{-k\cdot\tau} \tag{3.117}$$

求解辐射传输方程可以归结为确定 $\vec{\boldsymbol{I}}_0^{\uparrow}$ 和 $\vec{\boldsymbol{I}}_0^{\downarrow}$ 以及本征值 k 的问题，是数学问题中的标准的本征值-本征向量问题。由此得到的方程组为齐次的，若要考虑直射辐射的一次散射，则得到的常微分方程组是非齐次的。

$$-k \cdot \begin{pmatrix} \vec{\boldsymbol{I}}_0^{\uparrow}(\tau) \\ \vec{\boldsymbol{I}}_0^{\downarrow}(\tau) \end{pmatrix} = \begin{pmatrix} \boldsymbol{IM}^{\uparrow\uparrow} & \boldsymbol{IM}^{\uparrow\downarrow} \\ -\boldsymbol{IM}^{\uparrow\downarrow} & -\boldsymbol{IM}^{\uparrow\uparrow} \end{pmatrix} \cdot \begin{pmatrix} \vec{\boldsymbol{I}}_0^{\uparrow}(\tau) \\ \vec{\boldsymbol{I}}_0^{\downarrow}(\tau) \end{pmatrix} \tag{3.118}$$

3.3　大气辐射传输过程仿真结果

SOS 法使用计算机对多次散射/反射的物理过程进行数值模拟，算法物理意义直观明确，计算精度和速度均衡，适合于将任意复杂 BRDF 边界条件耦合到算法中，是地气、海气系统的大气辐射传输广泛采用的有效和准确算法之一，如 AERONET 大气观测网络和法国 POLDER 卫星业务化产品生产均使用基于 SOS 的 6S 偏振辐射传输模型开发。

基于 SOS 的辐射传输包括以下步骤：

(1) 太阳光的单次散射近似实现；

(2) 使用若干中间节点的第 k 阶散射计算结果，计算第 k 阶散射源函数，并实现第 k 阶散射源函数随高度的拟合；

(3) 将第 k 阶散射源函数积分，计算第 $k+1$ 阶散射；

(4) 收敛条件判断，并进行误差分析。

大气传输过程仿真采用基于连续阶散射的瑞利大气辐射传输模型，并且结合大气气溶胶模型。假定气溶胶为球形粒子，大气气溶胶采用双峰正态对数谱，在一定范围内对气溶胶分布和光学特性参数进行约束。

大气传输过程仿真参数如下：太阳方位角为 0°，太阳强度归一化为 1，选取细模态中值半径为 0.1μm、粗模态中值半径 1μm，细模态折射率实部和虚部分别为 1.55 和−0.001，粗模态折射率实部和虚部分别为 1.4 和 0，粗/细模态体积比 0.1，细模态谱分布方差 0.1μm，粗模态谱分布方差 0.5μm；大气传输仿真过程中，上述仿真参数不变。通过改变气溶胶光学厚度(0.2、0.5 和 1)、风速(5m/s 和 15m/s)和太阳天顶角(0°、20°、40°和 60°)，进而计算了大气传输散射偏振图(I、Q、U 和偏振度图)，仿真结果如图 3.7～图 3.30 所示。

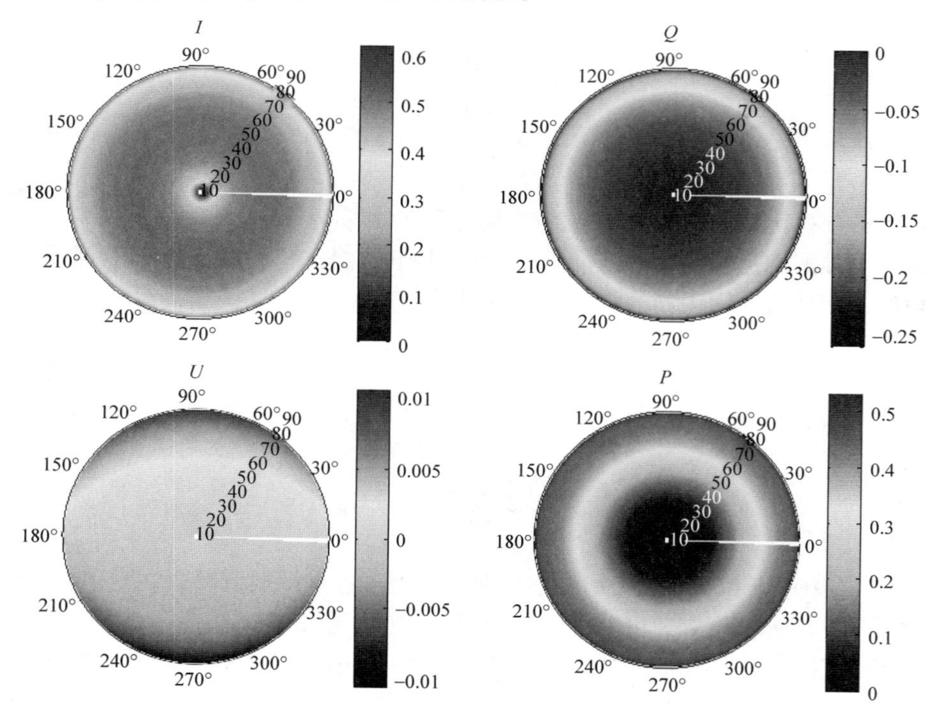

图 3.7 气溶胶光学厚度 0.2，风速为 5m/s，太阳天顶角 0°，对 670nm 的大气散射偏振仿真图(I、Q、U 和偏振度)

I、Q 和 P 关于太阳入射主平面呈现偶对称，U 关于主平面奇对称

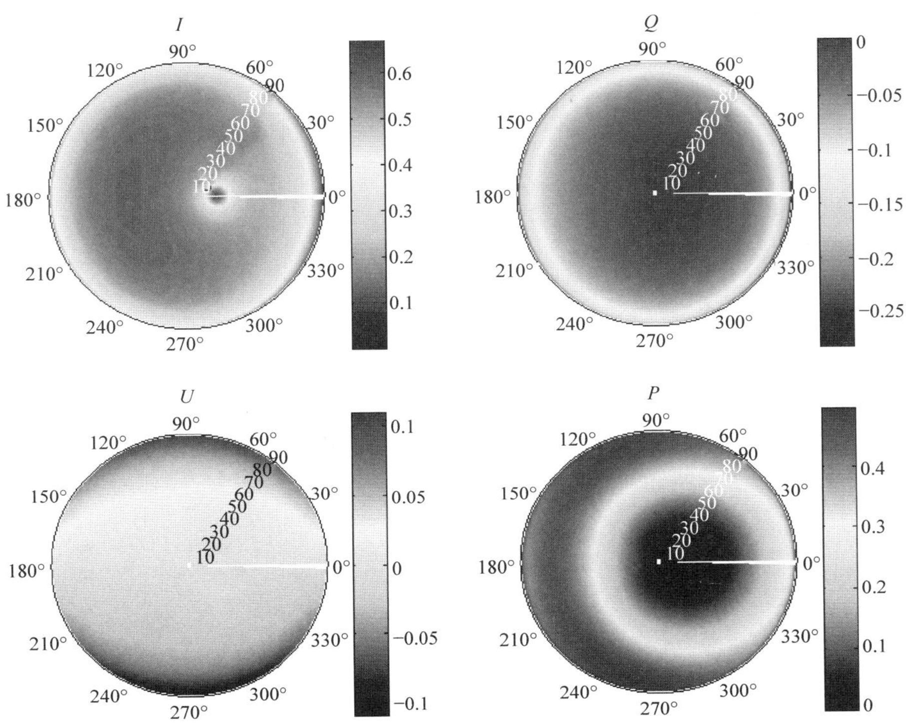

图 3.8　气溶胶光学厚度 0.2，风速为 5m/s，太阳天顶角 20°，对 670nm 的大气散射偏振仿真图(I、Q、U 和偏振度)

I、Q 和 P 关于太阳入射主平面呈现偶对称，U 关于主平面奇对称

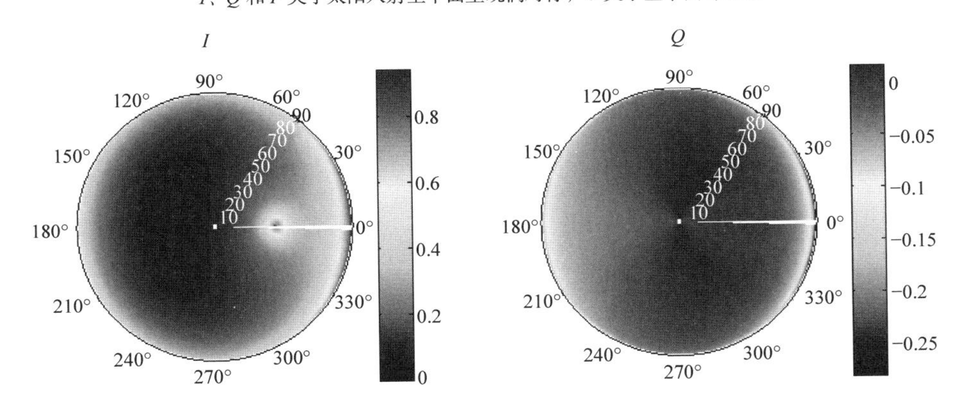

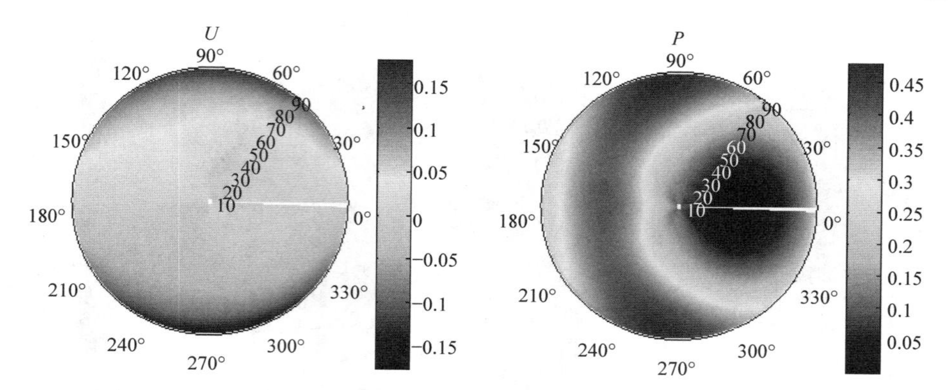

图 3.9　气溶胶光学厚度 0.2，风速为 5m/s，太阳天顶角 40°，对 670nm 的大气散射偏振仿真图(*I*、*Q*、*U* 和偏振度)

I、*Q* 和 *P* 关于太阳入射主平面呈现偶对称，*U* 关于主平面奇对称

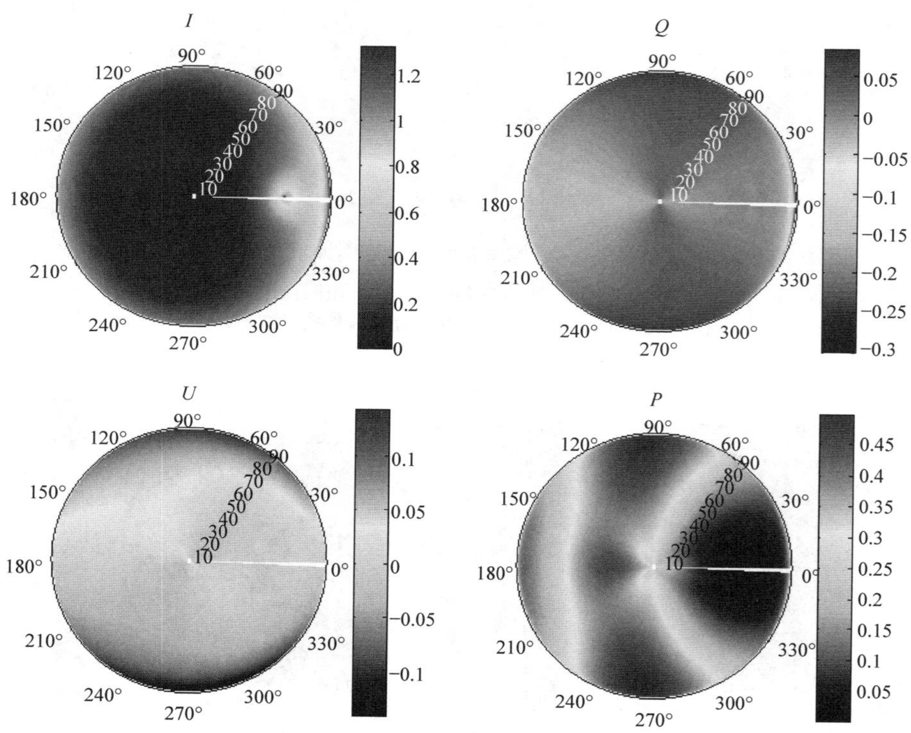

图 3.10　气溶胶光学厚度 0.2，风速为 5m/s，太阳天顶角 60°，对 670nm 的大气散射偏振仿真图(*I*、*Q*、*U* 和偏振度)

I、*Q* 和 *P* 关于太阳入射主平面呈现偶对称，*U* 关于主平面奇对称

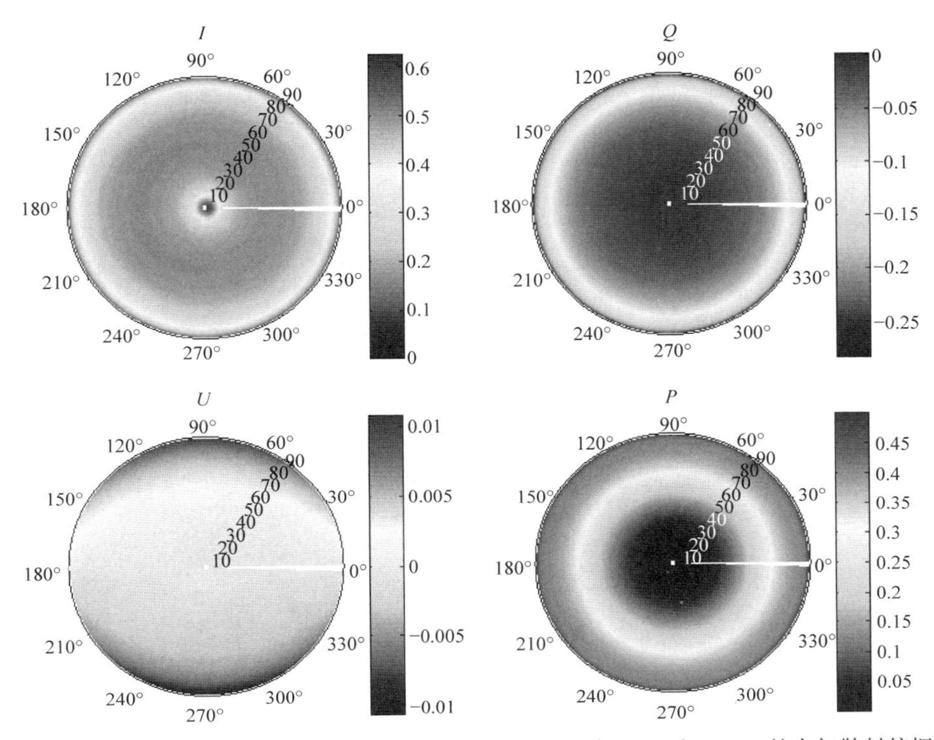

图 3.11　气溶胶光学厚度 0.2，风速为 15m/s，太阳天顶角 0°，对 670nm 的大气散射偏振仿真图(I、Q、U 和偏振度)

I、Q 和 P 关于太阳入射主平面呈现偶对称，U 关于主平面奇对称。相较于风速 5m/s 时(其他参数相同)的情况下，风速增大，I、Q、U 和 P 的分布和最值未有明显变化

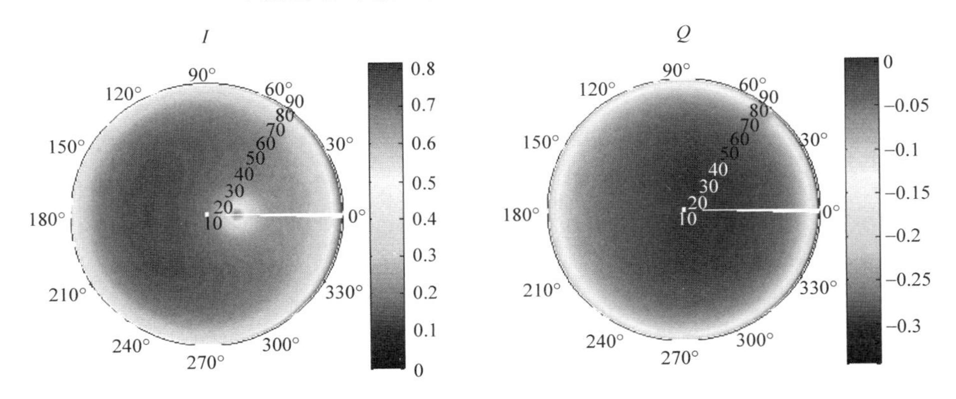

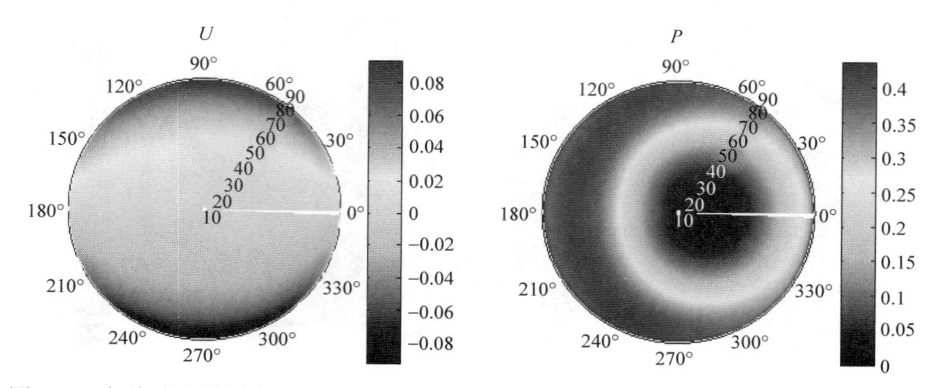

图 3.12 气溶胶光学厚度 0.2，风速为 15m/s，太阳天顶角 20°，对 670nm 的大气散射偏振仿真图(I、Q、U 和偏振度)

I、Q 和 P 关于太阳入射主平面呈现偶对称，U 关于主平面奇对称。相较于风速 5m/s 时(其他参数相同)的情况下，风速增大，I、Q、U 和 P 的分布和最值未有明显变化

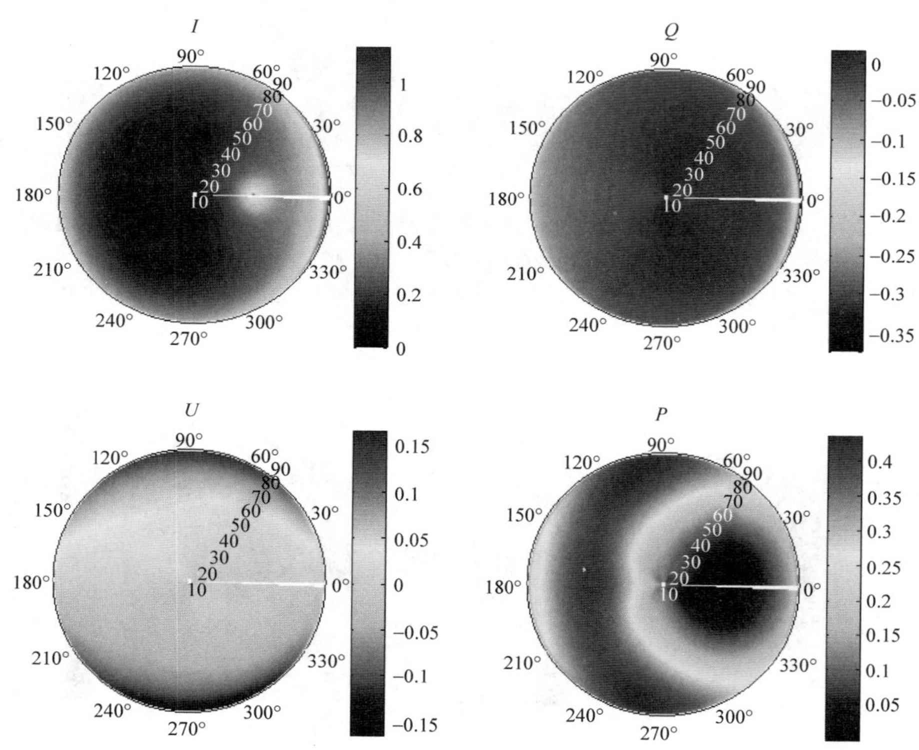

图 3.13 气溶胶光学厚度 0.2，风速为 15m/s，太阳天顶角 40°，对 670nm 的大气散射偏振仿真图(I、Q、U 和偏振度)

I、Q 和 P 关于太阳入射主平面呈现偶对称，U 关于主平面奇对称。相较于风速 5m/s 时(其他参数相同)的情况下，风速增大，I、Q、U 和 P 的分布和最值未有明显变化

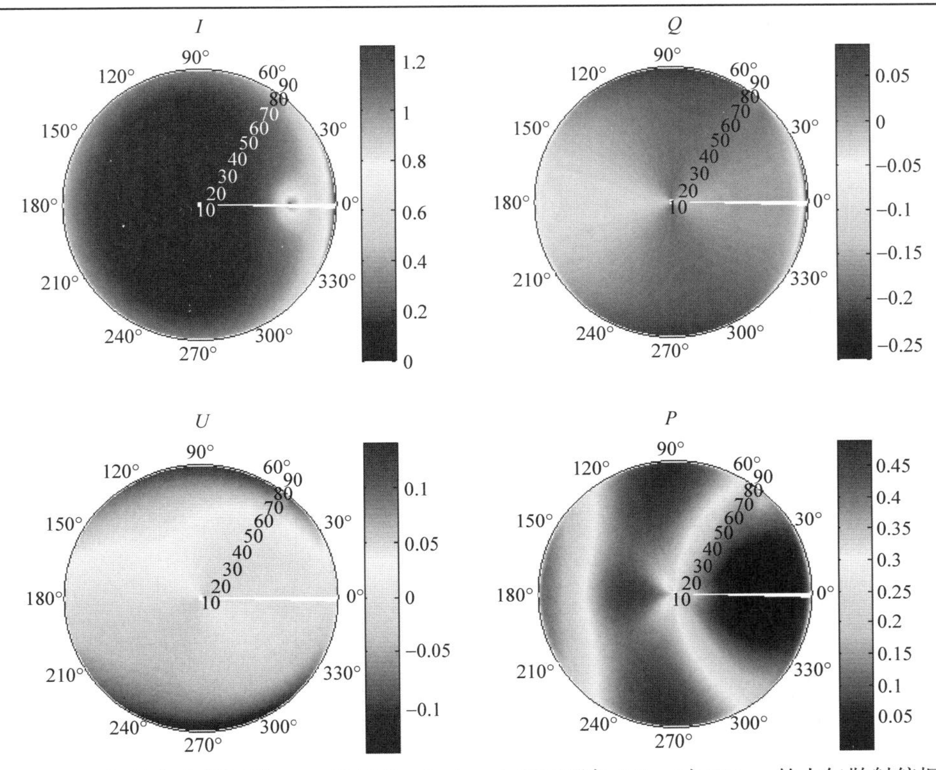

图 3.14　气溶胶光学厚度 0.2，风速为 15m/s，太阳天顶角 60°，对 670nm 的大气散射偏振仿真图(I、Q、U 和偏振度)

I、Q 和 P 关于太阳入射主平面呈现偶对称，U 关于主平面奇对称。相较于风速 5m/s 时(其他参数相同)的情况下，风速增大，I、Q、U 和 P 的分布和最值未有明显变化

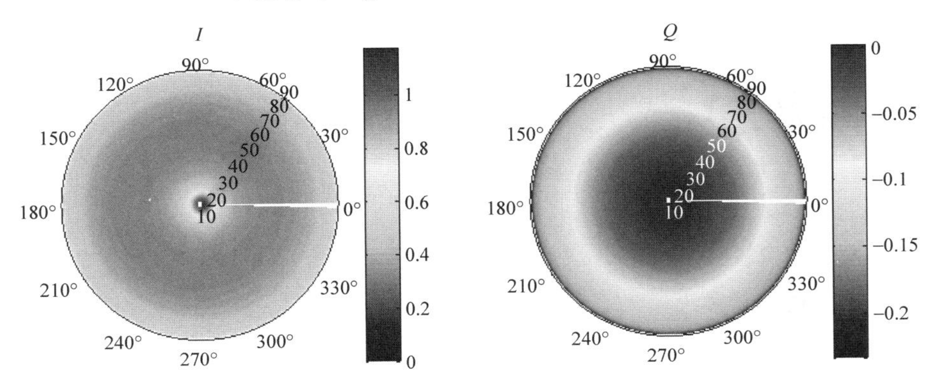

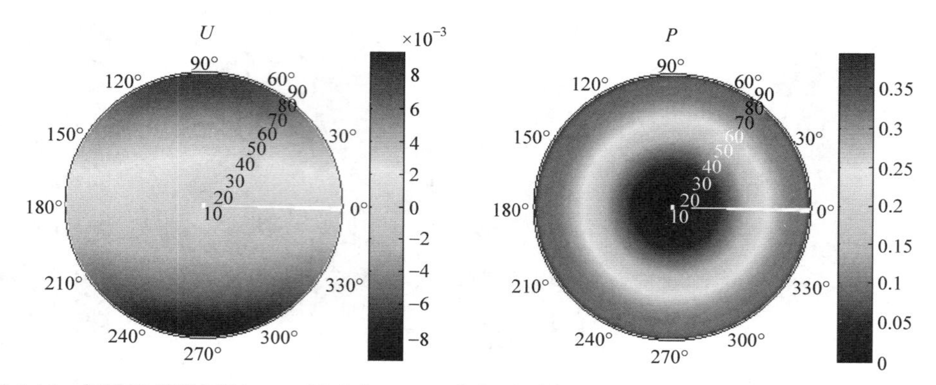

图 3.15　气溶胶光学厚度 0.5，风速为 5m/s，太阳天顶角 0°，对 670nm 的大气散射偏振仿真图 (*I*、*Q*、*U* 和偏振度)

I、*Q* 和 *P* 关于太阳入射主平面呈现偶对称，*U* 关于主平面奇对称。相较于光学厚度为 0.2 时(其他参数相同)的情况下，*I* 的强度随着光学厚度增加而增加，*Q*、*P* 随着光学厚度增加而减小

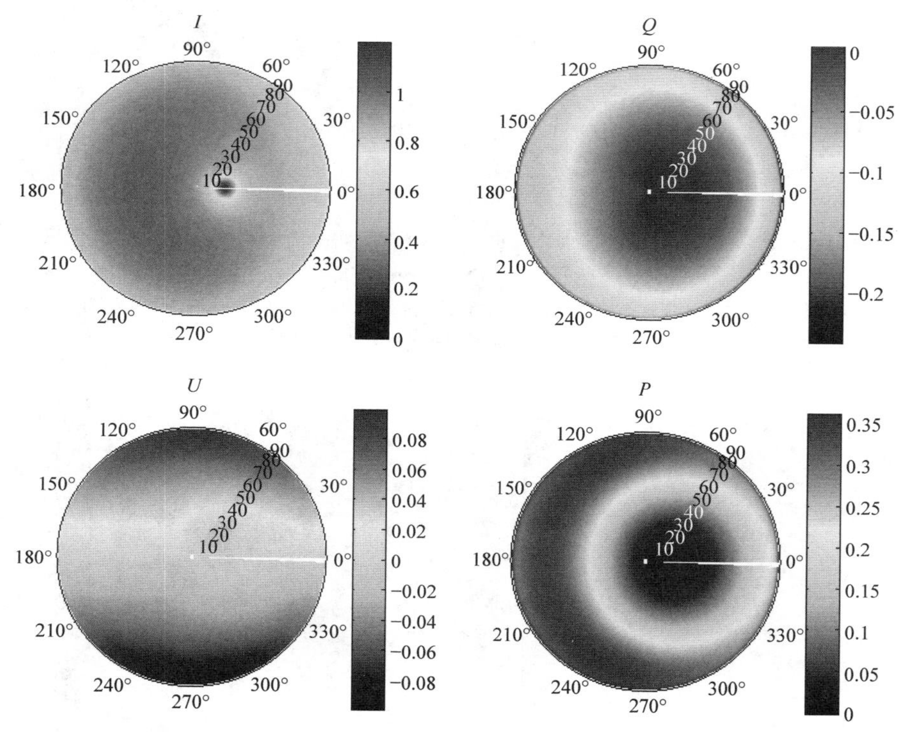

图 3.16　气溶胶光学厚度 0.5，风速为 5m/s，太阳天顶角 20°，对 670nm 的大气散射偏振仿真图(*I*、*Q*、*U* 和偏振度)

I、*Q* 和 *P* 关于太阳入射主平面呈现偶对称，*U* 关于主平面奇对称。相较于光学厚度为 0.2 时(其他参数相同)的情况下，*I* 的强度随着光学厚度增加而增加，*Q*、*P* 随着光学厚度增加而减小

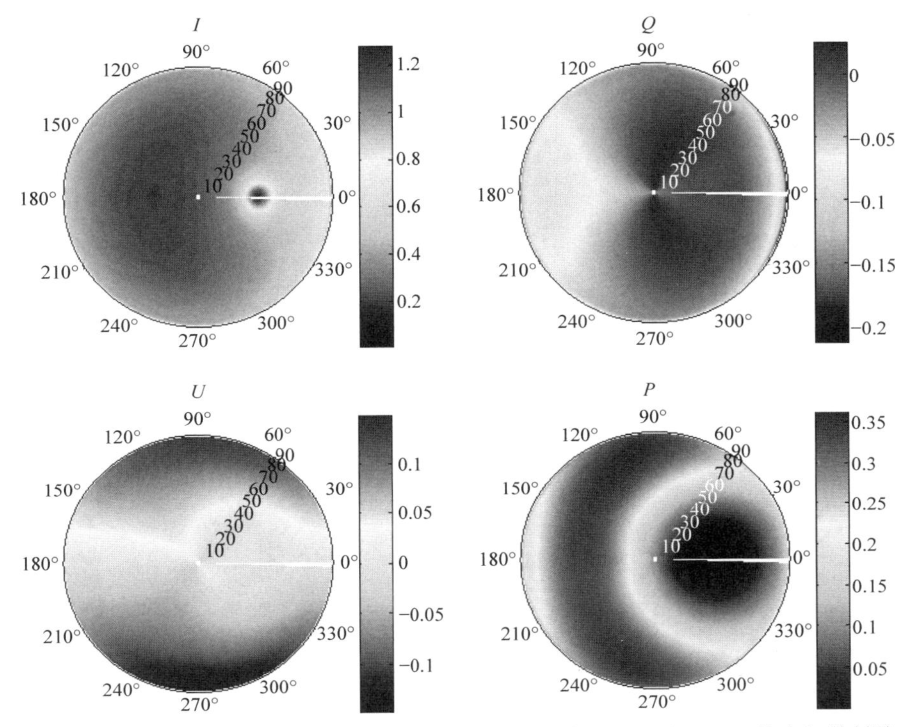

图 3.17　气溶胶光学厚度 0.5，风速为 5m/s，太阳天顶角 40°，对 670nm 的大气散射偏振仿真图(I、Q、U 和偏振度)

I、Q 和 P 关于太阳入射主平面呈现偶对称。相较于光学厚度为 0.2 时(其他参数相同)的情况下，I 的强度随着光学厚度增加而增加，Q、P 随着光学厚度增加而减小

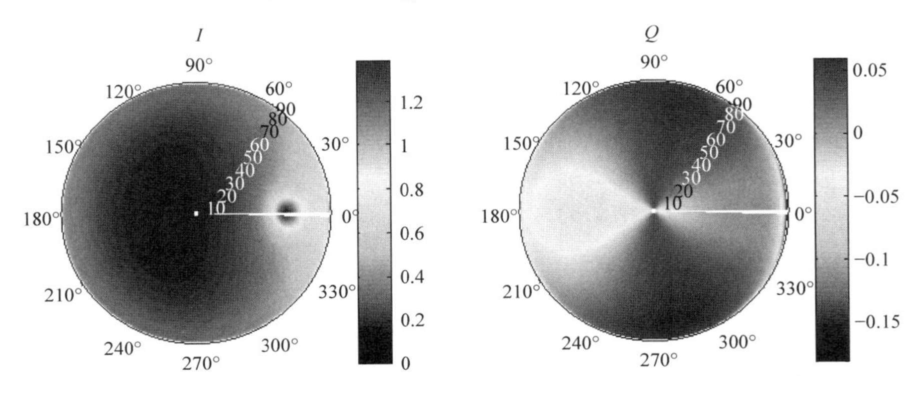

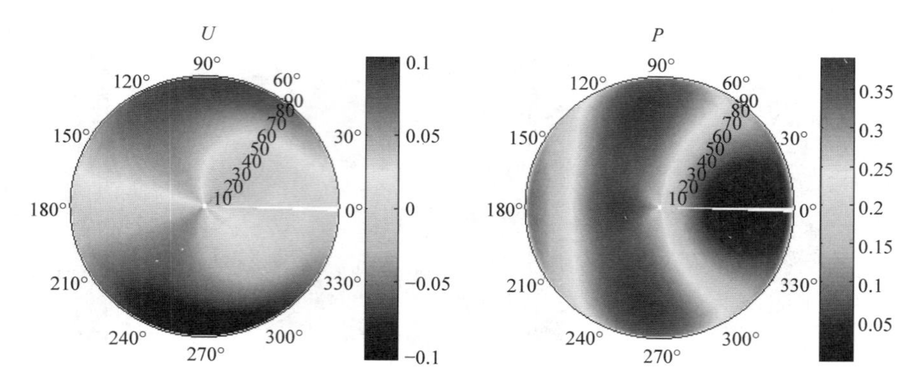

图 3.18　气溶胶光学厚度 0.5，风速为 5m/s，太阳天顶角 60°，对 670nm 的大气散射偏振仿真图(*I*、*Q*、*U* 和偏振度)

I、*Q* 和 *P* 关于太阳入射主平面呈现偶对称。相较于光学厚度为 0.2 时(其他参数相同)的情况下，*I* 的强度随着光学厚度增加而增加，*Q*、*P* 随着光学厚度增加而减小

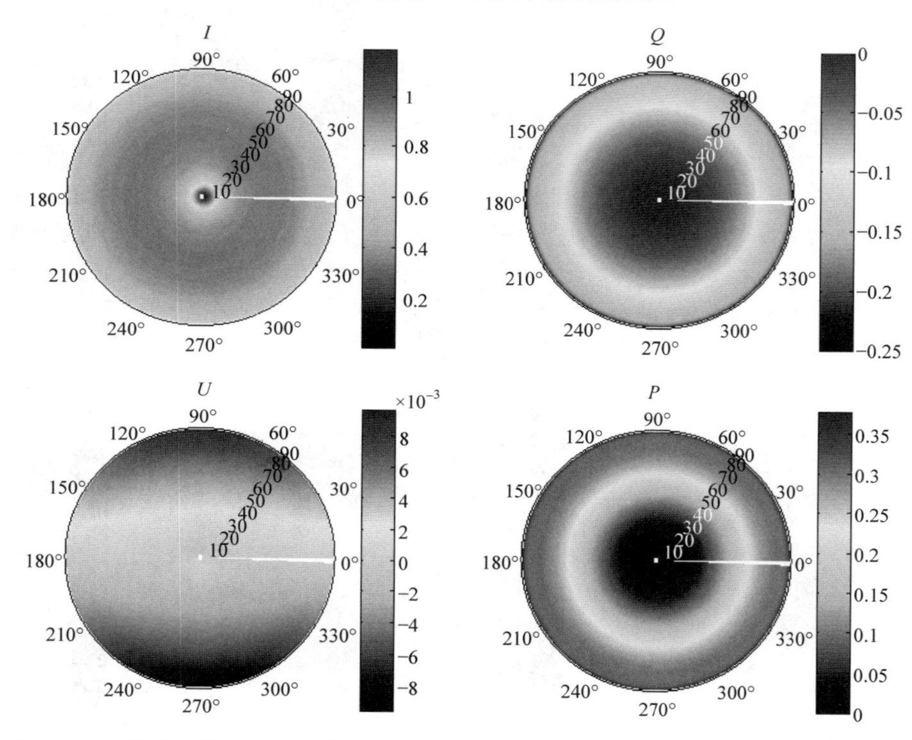

图 3.19　气溶胶光学厚度 0.5，风速为 15m/s，太阳天顶角 0°，对 670nm 的大气散射偏振仿真图(*I*、*Q*、*U* 和偏振度)

I、*Q* 和 *P* 关于太阳入射主平面呈现偶对称，*U* 关于主平面奇对称。相较于风速 5m/s 时(其他参数相同)的情况下，风速增大，*I*、*Q*、*U* 和 *P* 的分布和最值未有明显变化

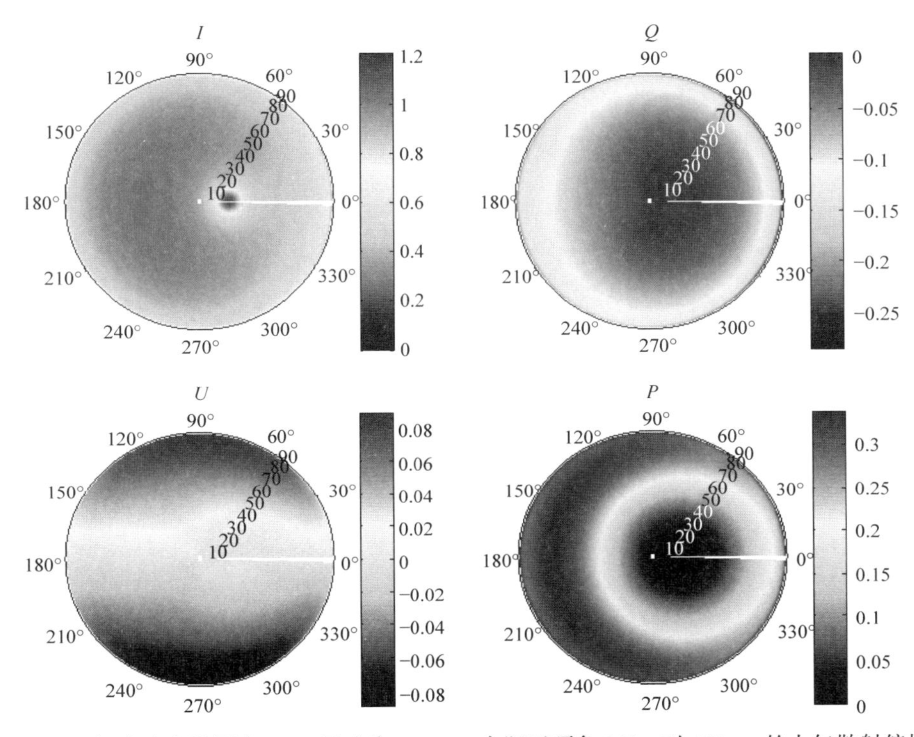

图 3.20　气溶胶光学厚度 0.5，风速为 15m/s，太阳天顶角 20°，对 670nm 的大气散射偏振仿真图(I、Q、U 和偏振度)

I、Q 和 P 关于太阳入射主平面呈现偶对称，U 关于主平面奇对称。相较于风速 5m/s 时(其他参数相同)的情况下，风速增大，I、Q、U 和 P 的分布和最值未有明显变化

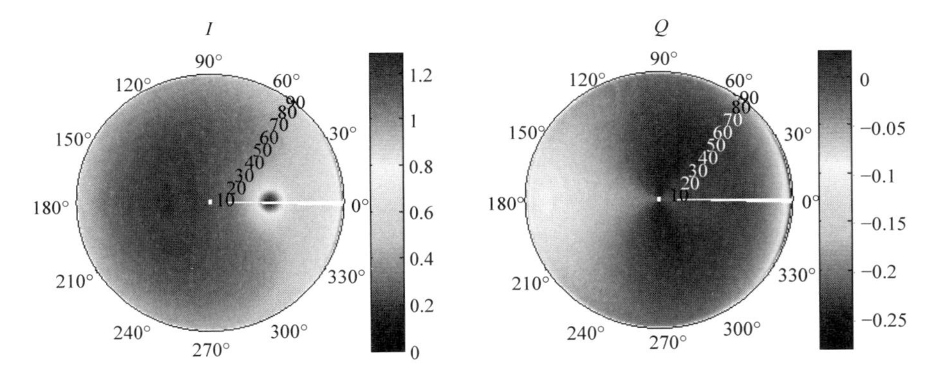

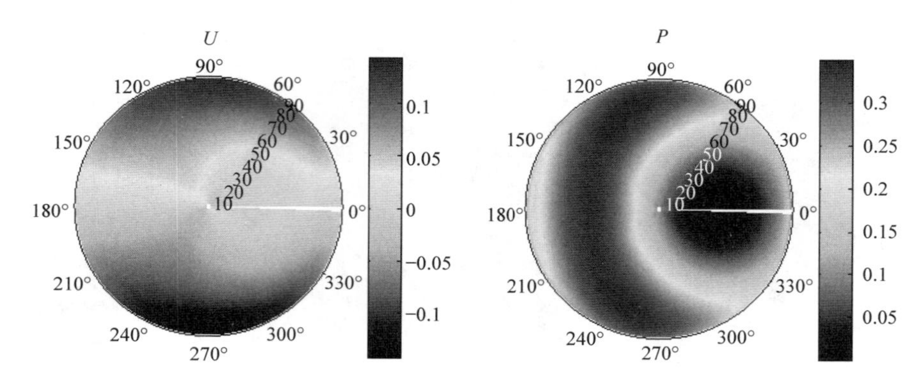

图 3.21　气溶胶光学厚度 0.5，风速为 15m/s，太阳天顶角 40°，对 670nm 的大气散射偏振仿真图(I、Q、U 和偏振度)

I、Q 和 P 关于太阳入射主平面呈现偶对称。相较于风速 5m/s 时(其他参数相同)的情况下，风速增大，I、Q、U 和 P 的分布和最值未有明显变化

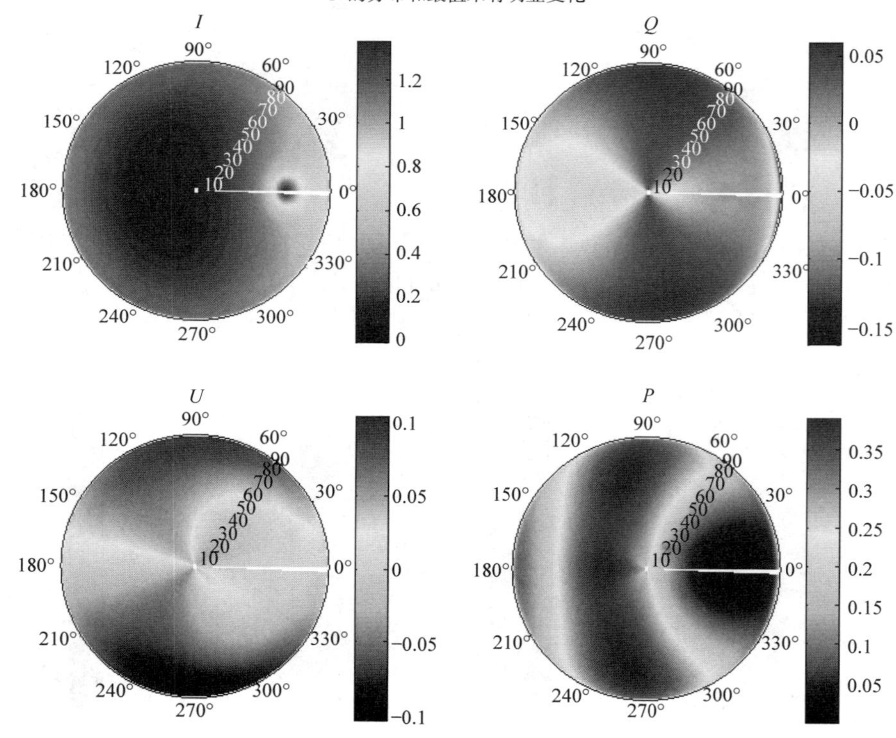

图 3.22　气溶胶光学厚度 0.5，风速为 15m/s，太阳天顶角 60°，对 670nm 的大气散射偏振仿真图(I、Q、U 和偏振度)

I、Q 和 P 关于太阳入射主平面呈现偶对称。相较于风速 5m/s 时(其他参数相同)的情况下，风速增大，I、Q、U 和 P 的分布和最值未有明显变化

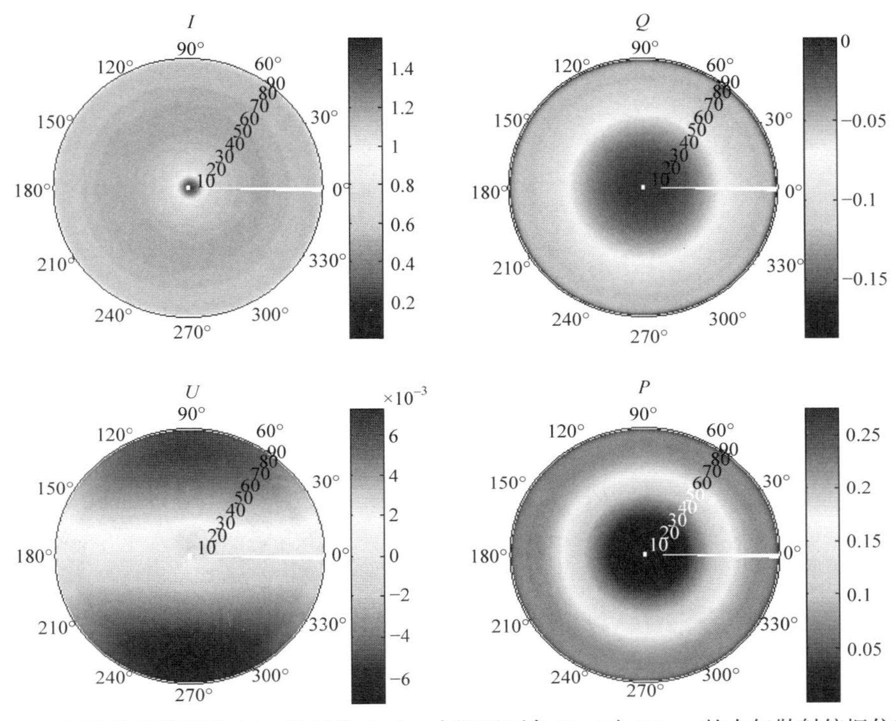

图 3.23　气溶胶光学厚度 1.0，风速为 5m/s，太阳天顶角 0°，对 670nm 的大气散射偏振仿真图 (*I*、*Q*、*U* 和偏振度)

I、*Q* 和 *P* 关于太阳入射主平面呈现偶对称，*U* 关于主平面奇对称。相较于光学厚度为 0.2 和 0.5 时(其他参数相同)的情况下，*I* 的强度随着光学厚度增加而增加，*Q*、*P* 随着光学厚度增加而减小

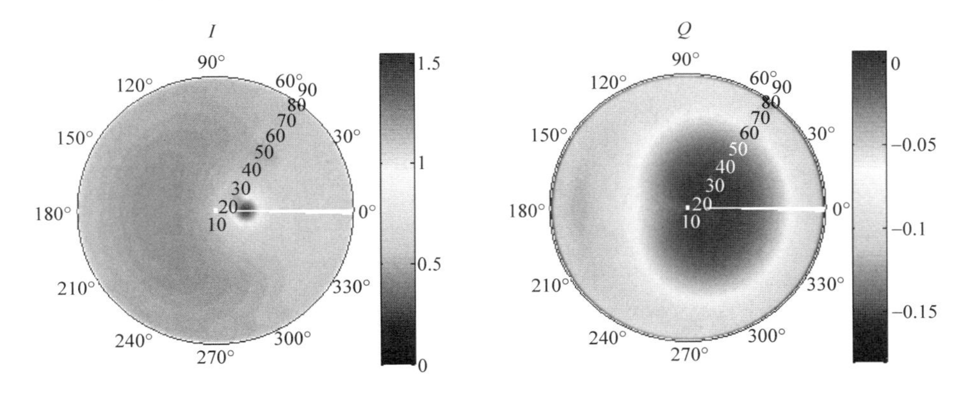

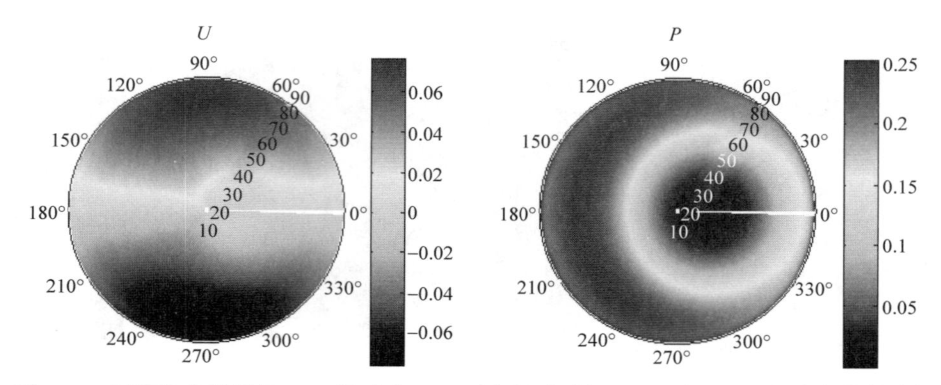

图 3.24　气溶胶光学厚度 1.0，风速为 5m/s，太阳天顶角 20°，对 670nm 的大气散射偏振仿真图(*I*、*Q*、*U* 和偏振度)

I、*Q* 和 *P* 关于太阳入射主平面呈现偶对称，*U* 关于主平面奇对称。相较于光学厚度为 0.2 和 0.5 时(其他参数相同)的情况下，*I* 的强度随着光学厚度增加而增加，*Q*、*P* 随着光学厚度增加而减小

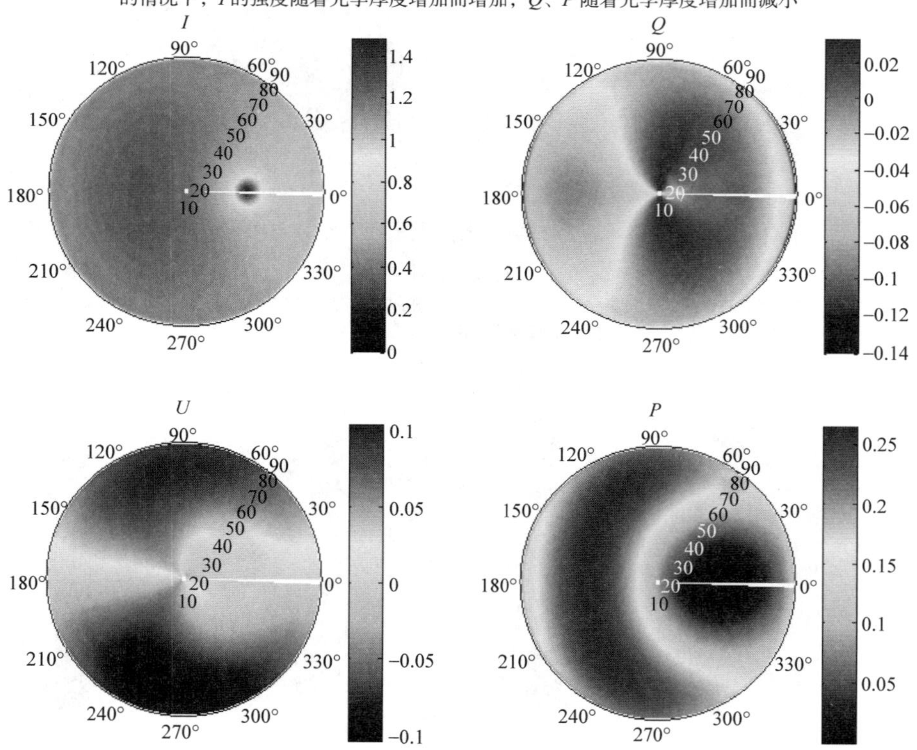

图 3.25　气溶胶光学厚度 1.0，风速为 5m/s，太阳天顶角 40°，对 670nm 的大气散射偏振仿真图(*I*、*Q*、*U* 和偏振度)

I、*Q* 和 *P* 关于太阳入射主平面呈现偶对称。相较于光学厚度为 0.2 和 0.5 时(其他参数相同)的情况下，*I* 的强度随着光学厚度增加而增加，*Q*、*P* 随着光学厚度增加而减小

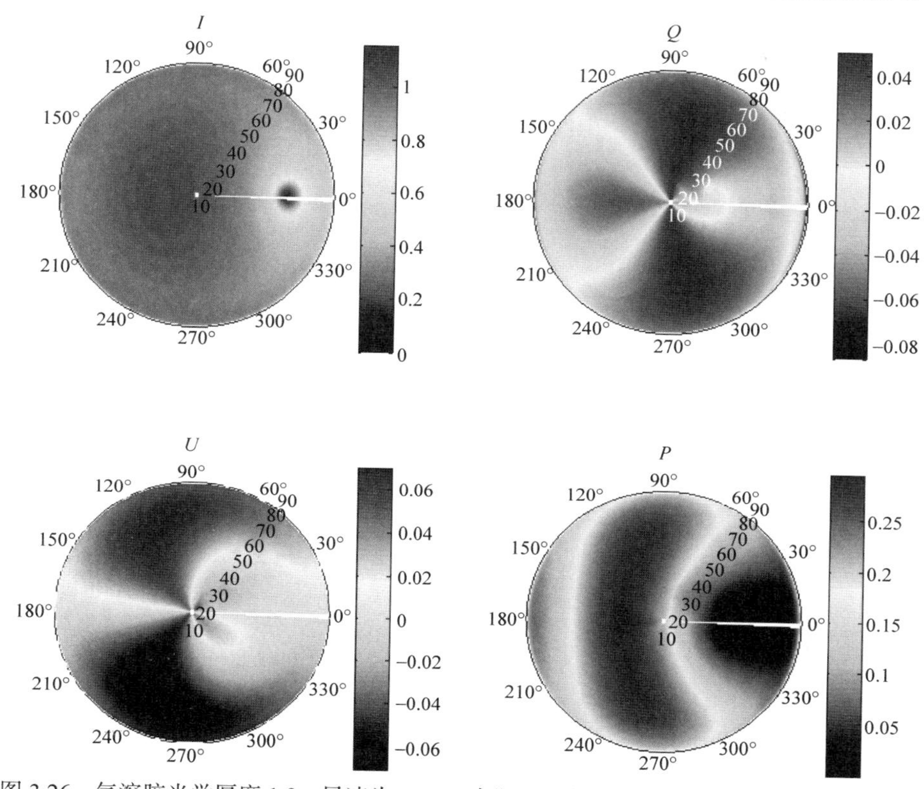

图 3.26　气溶胶光学厚度 1.0，风速为 5m/s，太阳天顶角 60°，对 670nm 的大气散射偏振仿真图(I、Q、U 和偏振度)

I、Q 和 P 关于太阳入射主平面呈现偶对称。相较于光学厚度为 0.2 和 0.5 时(其他参数相同)的情况下，Q、P 随着光学厚度增加而减小

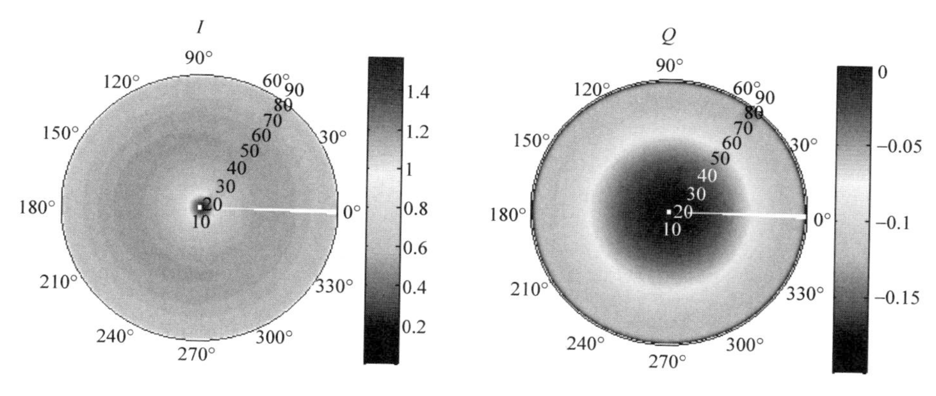

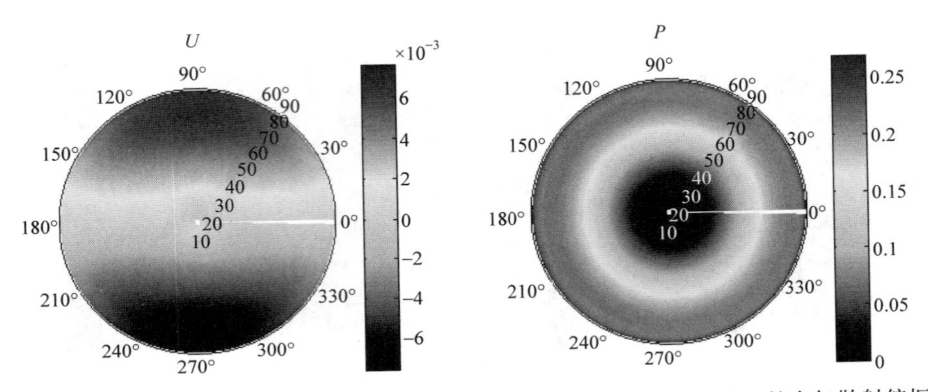

图 3.27　气溶胶光学厚度 1.0，风速为 15m/s，太阳天顶角 0°，对 670nm 的大气散射偏振仿真图(I、Q、U 和偏振度)

I、Q 和 P 关于太阳入射主平面呈现偶对称，U 关于主平面奇对称。相较于风速 5m/s 时(其他参数相同)的情况下，风速增大，I、Q、U 和 P 的分布和最值未有明显变化

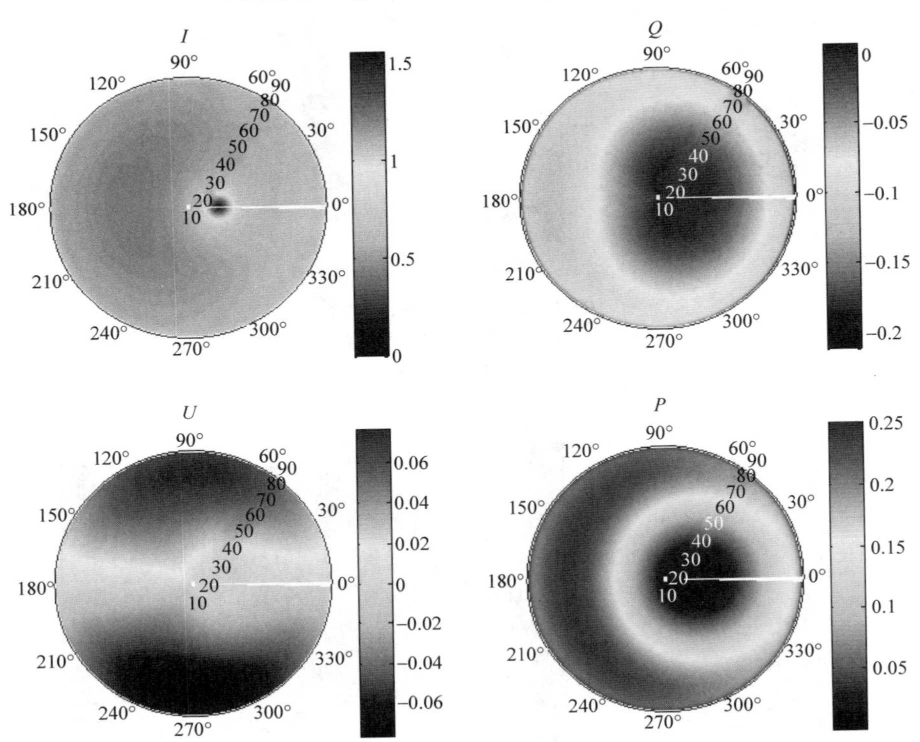

图 3.28　气溶胶光学厚度 1.0，风速为 15m/s，太阳天顶角 20°，对 670nm 的大气散射偏振仿真图(I、Q、U 和偏振度)

I、Q 和 P 关于太阳入射主平面呈现偶对称，U 关于主平面奇对称。相较于风速 5m/s 时(其他参数相同)的情况下，风速增大，I、Q、U 和 P 的分布和最值未有明显变化

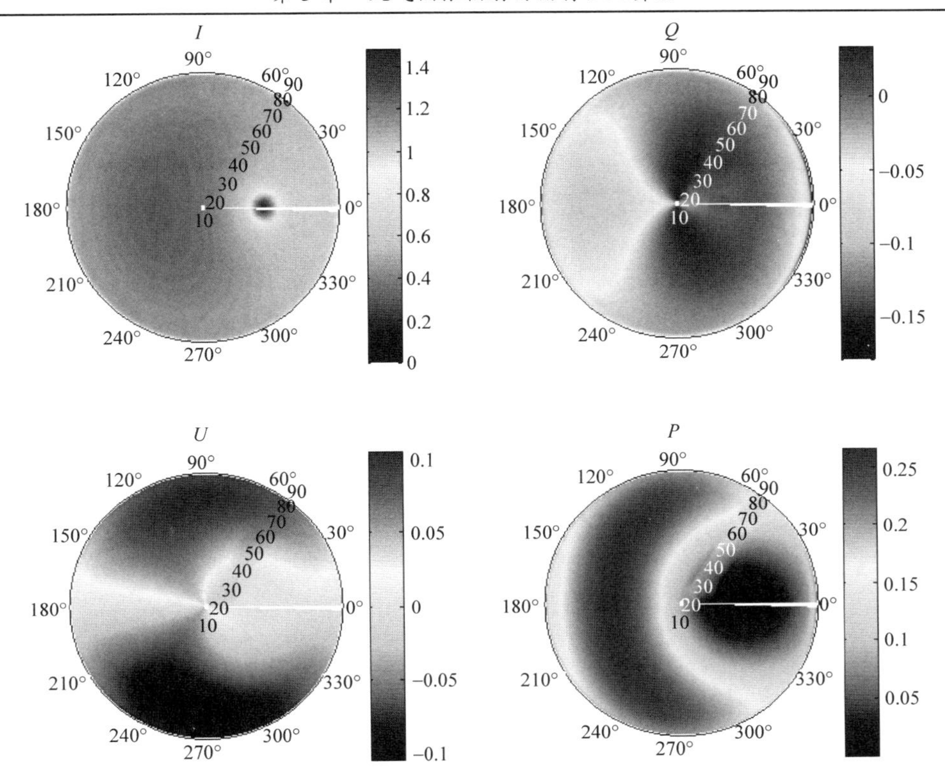

图 3.29　气溶胶光学厚度 1.0，风速为 15m/s，太阳天顶角 40°，对 670nm 的大气散射偏振仿真图(I、Q、U 和偏振度)

I、Q 和 P 关于太阳入射主平面呈现偶对称。相较于风速 5m/s 时(其他参数相同)的情况下，风速增大，I、Q、U 和 P 的分布和最值未有明显变化

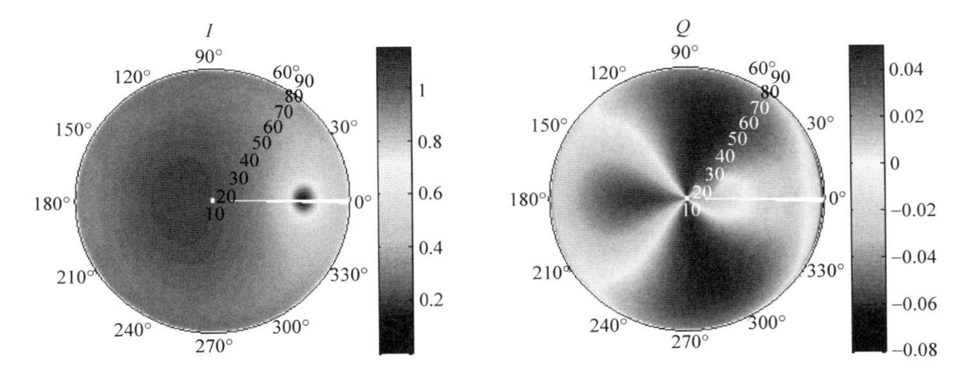

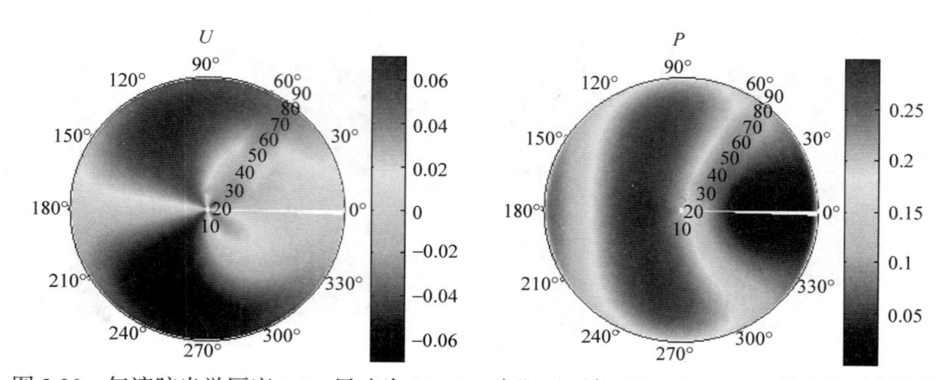

图 3.30　气溶胶光学厚度 1.0，风速为 15m/s，太阳天顶角 60°，对 670nm 的大气散射偏振仿真图(*I*、*Q*、*U* 和偏振度)

I、*Q* 和 *P* 关于太阳入射主平面呈现偶对称。相较于风速 5m/s 时(其他参数相同)的情况下，风速增大，*I*、*Q*、*U* 和 *P* 的分布和最值未有明显变化

第 4 章　偏振探测器仿真

来自太阳的电磁波辐射到达地球大气上界，经过大气辐射传输后的能量被地表景物反射回大气，再经过大气的传输作用进入遥感器成像，获取的数据存储或下传到计算机进行处理和显示。

将遥感过程看做一个由一系列具有内在关联的物理环节组成的系统，其中每个环节都与最终的输出——图像有关。找出各个环节对最终图像质量的影响，也有助于对遥感仪器的优化设计提供依据。

遥感成像的各个环节均可以通过数学模型来表达，一旦对整个成像链进行精确建模，便可在仪器设计的最初阶段进行成像仿真，得到仪器在当前设计参数和工作条件下所获取的图像结果，以及定量计算出与成像质量相关的评价指标。

从星地链路的角度进行偏振探测系统的仿真分析与指标优化，对探测仪进行数据仿真，对影响成像的关键因素进行分析，对数据质量进行预测和验证，可以为指标和工作模式优化、数据补偿和处理等提供支撑和优化。为后续气溶胶和云反演等应用数据处理提供有效的仿真数据。

制定系统指标要求时，可通过成像仿真对用户关心的目标进行模拟，仿真出仪器在给定工作条件下产生的图像并预估系统性能，检验用户要求是否合理，或当前方案是否能够满足用户要求，通过反馈的结果修改系统方案，直到制定出合理的指标要求。

在样机研制阶段，各元器件的实际性能参数和预期的指标总是存在差异，如实际加工和装调出的光学系统的调制传递函数并不能和设计或分析的结果完全一致，探测器的实测光谱响应与产品手册中的参数不同等，这些实测结果都可以重新代入成像模型进行仿真和分析，以确定某分系统的参数是否可以让步，或是否需要对某项参数严格限制等。与此同时，图像处理算法也不必等到系统硬件完全实现后才开发，利用成像仿真的结果就可以在样机研制的过程中进行相关图像处理算法的研制。

当硬件系统具备时，需要测量其性能指标，此时模拟成像模型可用于成像质量的验证，也可用于辅助发现系统集成时遇到的问题，寻找误差源。系统投入使用后，成像质量指标均可以测量，测量结果与模拟成像模型给出的结果进行比对，又可以进一步完善模拟成像模型，从而在系统升级或新产品的研发中使用新的更完善的模型辅助系统全局优化设计。模拟成像方法可用于分析图像质量。当系统设计不合理，或某项参数对整体性能的影响超过预期时，其影响都会直观地反映在成像仿真的结果中。通过模拟成像模型，可以迅速寻找某种图像质量退化的直观表现与成像链中哪些环节相关。而且，通过对仿真结果的分析，可以定量地描述某项参数对成像质量的影响，从而寻求系统性能和所花费代价的平衡点。

4.1　偏振探测原理

在光的传播过程中，相对于光的行进方向，光波电场矢量 $\boldsymbol{E}$ 发生振动时的空间分布会出现不对称的现象，该现象称为光的偏振。通常偏振态可以用电场矢量末端的运动轨迹描述，因此存在线偏振、椭圆偏振以及部分偏振这三类偏振态。在线偏振中，只有一种振动，并且振动方向始终在同一个平面之内。当 $\boldsymbol{E}$ 的端点运动轨迹为一椭圆时，对应的是椭圆偏振，圆偏振是一种特殊的椭圆偏振。自然光在空间各方向都会有振动，并且具有轴对称性，因此为非偏振光。部分偏振可看做非偏振的自然光和线偏振的一种混合，它包含了所有可能方向上的振动，而且在不同方向上，振动的幅度可以是不相同的。在现实场景中，通过物体的反射或者折射，非偏振的自然光一般变化为部分偏振光。不同的物体，甚至同一物体处于不同的状态时，会产生迥异的偏振特性。并且偏振特性还会受到波长的影响，从而可以形成偏振波谱。

偏振探测有助于提高目标及背景之间的对比度，提高目标表面的方位信息和表面粗糙度，揭示物体的微物理特性。实现偏振探测的方法是将偏振信息调制到时间域、空间域或光谱域的光强信号中，通过测得的光强信号反演入射光的偏振信息。

琼斯矢量、Stokes 矢量或者 Mueller 矩阵均可以用来描述一束光的偏振状态。Stokes 矢量是 Stokes 研究部分偏振光的时候定义的。不论是部分偏振光还是非偏振的自然光，Stokes 矢量都可以对其进行描述，同时 Stokes 矢量含有丰富的信息，因此在偏振成像中较多应用 Stokes 矢量描述偏振状态。本节采用的即是 Stokes 矢量。

4.2　多角度偏振成像仪

多角度偏振成像仪(directional polarization camera，DPC)用于全球遥感观测，通过广角镜头获取多角度、多波段偏振辐射成像信息，位于 708km 太阳同步轨道，包含 5 个非偏振波段和 3 个偏振波段，每个偏振光谱包含不同检偏方向的 3 个探测通道用于偏振解析，对地观测幅宽约 1850km。偏振成像仪的基本技术参数如表 4.1 所示。

表 4.1　偏振成像仪技术参数

内容	参数
Orbit type	Sun synchronous orbit
Orbit altitude	708km
Filed of view	118.74°
Spatial resolution	3.29km(sub-satellite point)
Number of multi-angle	9 (along orbit)
Spectral band	443nm；565nm；763nm；765nm；910nm；490nm(P)；670nm(P)；865nm(P)
Angle of polarizer	0°；60°；120°
Band selection mode	Filter wheel
Imaging method	Staring
Detector array size	512 × 512
Pixel size	22.5μm × 22.5μm
Focal length of system	4.833mm
Relative aperture	1 ∶ 4

DPC 由三个单元组成，光学探测单元为前端光学探测部分，信息处理单元实现载荷与卫星的数据互联，驱动控制单元完成电机驱动控制和光学探测单元热控，信息处理单元和驱动控制单元放置于卫星舱内，光学探测单元位于舱外且安装面与卫星平台热隔离，光学探测单元热控由驱动控制单元实现温度采集与控温。

光学探测单元组成结构如图 4.1 所示，主要由成像物镜、滤光片/偏振片转轮、面阵探测器构成，其穿轨和沿轨的视场均设计成 100°，包含 8 个工作谱段。其中，偏振探测波段由 3 个偏振通道组成，3 个通道安置的偏振片透过轴方位角相隔 60°，用于解析偏振信息。此外，还设计了暗背景测量通道，用于校正探测器的暗电流。

图 4.1　DPC 成像系统示意图

DPC 主要用于气溶胶和云的探测，其 15 个通道用途如表 4.2 所示。

表 4.2　偏振成像仪通道设计

通道序号	波段	带宽/nm	检偏角度/(°)	用途
1	443nm	20	—	气溶胶、云、辐射平衡
2	490nmP1	20	+60	海洋、云
3	490nmP2	20	0	海洋、云
4	490nmP3	20	−60	海洋、云
5	565nm	20	—	海洋
6	670nm P1	20	+60	气溶胶、云、海洋、陆地
7	670nm P2	20	0	气溶胶、云、海洋、陆地
8	670nm P3	20	−60	气溶胶、云、海洋、陆地
9	763nm	10	—	云
10	765nm	40	—	云
11	865nm P1	20	+60	气溶胶、云、海洋、陆地
12	865nm P2	20	0	气溶胶、云、海洋、陆地
13	865nm P3	20	−60	气溶胶、云、海洋、陆地
14	910nm	20	—	水汽
15	dark			暗电流检测

入射光的偏振态可用 Stokes 矢量表示为$[I \quad Q \quad U \quad V]^{\mathrm{T}}$，经过检偏片后探测器接收的信号可表为

$$\begin{pmatrix} I_{\text{out}} \\ Q_{\text{out}} \\ U_{\text{out}} \\ V_{\text{out}} \end{pmatrix} = \begin{pmatrix} I_{\text{in}} \\ Q_{\text{in}} \\ U_{\text{in}} \\ V_{\text{in}} \end{pmatrix} \tag{4.1}$$

对检偏的描述可使用 Mueller 矩阵形式，Mueller 矩阵形式为

$$\boldsymbol{M} = \begin{pmatrix} m_{11} & m_{12} & m_{13} & m_{14} \\ m_{21} & m_{22} & m_{23} & m_{24} \\ m_{31} & m_{32} & m_{33} & m_{34} \\ m_{41} & m_{42} & m_{43} & m_{44} \end{pmatrix} \tag{4.2}$$

偏振方位角的旋转矩阵为 $\boldsymbol{R}_\theta$，使方位角旋转 θ 角，表示为

$$\boldsymbol{R}_\theta = \frac{1}{2}\begin{pmatrix} 1 & 0 & 0 & 0 \\ 0 & \cos 2\theta & -\sin 2\theta & 0 \\ 0 & \sin 2\theta & \cos 2\theta & 0 \\ 0 & 0 & 0 & 1 \end{pmatrix} \tag{4.3}$$

以 t_1 、 t_2 表示偏振片主轴正交方向的透过率，则安装方向为 θ 的检偏片 Mueller 矩阵表示为

$$\boldsymbol{M}_\theta = \frac{1}{2}\begin{pmatrix} t_1^2 + t_2^2 & (t_1^2 - t_2^2)\cos 2\theta & (t_1^2 - t_2^2)\sin 2\theta & 0 \\ (t_1^2 - t_2^2)\cos 2\theta & (t_1^2 + t_2^2)\cos^2 2\theta + 2t_1t_2\sin^2 2\theta & (t_1 - t_2)^2 \sin 2\theta\cos 2\theta & 0 \\ (t_1^2 - t_2^2)\sin 2\theta & (t_1 - t_2)^2 \sin 2\theta\cos 2\theta & (t_1^2 + t_2^2)\sin^2 2\theta + 2t_1t_2\cos^2 2\theta & 0 \\ 0 & 0 & 0 & 2t_1t_2 \end{pmatrix} \tag{4.4}$$

理想情况下，设定检偏片为完全偏振时 $t_1 = 1$， $t_2 = 0$ ，自然目标的圆偏振较小，设 $V \approx 0$ 。则 DPC 的信号模型表示为

$$\begin{pmatrix} I_\theta \\ Q_\theta \\ U_\theta \end{pmatrix} = \frac{1}{2}\begin{pmatrix} 1 & \cos 2\theta & \sin 2\theta \\ \cos 2\theta & \cos^2 2\theta & \sin 2\theta\cos 2\theta \\ \sin 2\theta & \sin 2\theta\cos 2\theta & \sin^2 2\theta \end{pmatrix}\begin{pmatrix} I_{\text{in}} \\ Q_{\text{in}} \\ U_{\text{in}} \end{pmatrix} \tag{4.5}$$

探测器测量的光强度表示为

$$I_\theta = \frac{1}{2}(I_{\text{in}} + Q_{\text{in}}\cos 2\theta + U_{\text{in}}\sin 2\theta) \tag{4.6}$$

通过三个方向的强度信号，入射光$[I、Q、U]^{\mathrm{T}}$可以解算为

$$\begin{cases} I_{\text{in}} = \dfrac{2}{3}\left[I_{0^\circ} + I_{60^\circ} + I_{120^\circ}\right] \\ Q_{\text{in}} = \dfrac{2}{3}\left[2I_{0^\circ} - I_{60^\circ} - I_{120^\circ}\right] \\ U_{\text{in}} = \dfrac{2\sqrt{3}}{3}\left[I_{60^\circ} - I_{120^\circ}\right] \end{cases} \tag{4.7}$$

DPC 进入观测模式时，光信号会聚于 CCD，信息经过电路调整后，转换成数字信号(digital number，DN)。遥感数据通过卫星数传链路下传后进入地面应用系统，获取的数据需进行数据校正，还原探测辐亮度，进入反演流程，从而得到地表-大气性质参数产品。

4.3　偏振成像仪成像模型

DPC 是超广角大视场偏振辐射成像探测仪器，其光学系统包括防护透镜、成

像物镜、检偏器-滤光片转轮。图 4.2 为 DPC 光学系统示意图，前端的光学镜头共有 12 片透镜，由于有 8 片透镜两两胶合，形成 4 片胶合透镜，所以共有 20 个介质面。除第一面外，其他非胶合介质面均镀有减反膜。对于 DPC 偏振通道，紧随光学镜头之后的是平板滤光片(楔形滤光片) + 线偏振片，光楔用于星载运行时的运动补偿、像元配准。而对于非偏通道，其后是平板滤光片(763nm 波段是楔形滤光片)。在光学系统焦面上，安置面阵 CCD 探测器。

由上述 DPC 仪器的特点可知：除去光谱偏振通道中偏振片透过轴的方位角选择性，整个成像光学系统是满足圆对称设计的。

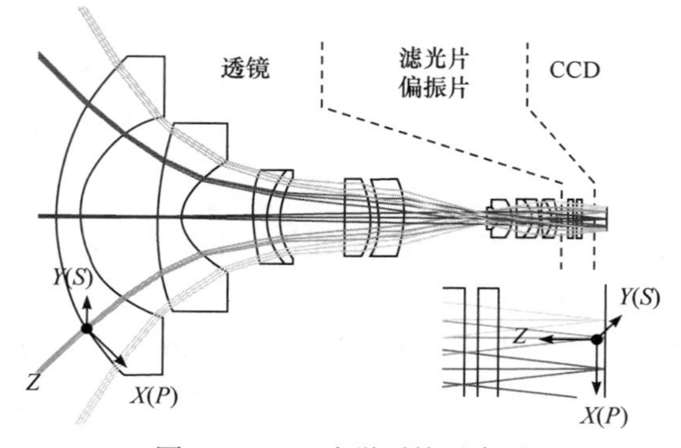

图 4.2　DPC 光学系统示意图

仪器偏振辐射测量模型的目标是给出一个虚构的、完备的仪器物理描述，从而得到在每一个光谱通道中探测阵列上每一个像素单元对入射偏振光的响应特性。

4.3.1　光学系统建模

DPC 单像元所对应的视场角很小，中心视场约为 0.266°，边缘视场约为 0.115°，角上视场约为 0.0728°。可以将 CCD 单个像元所对应的光束及此光束与光学系统一系列介质面的交面看做均一微元作为整体研究，镜头的子午面看成相应入射光束的入射面。

可以假定所有镜片均满足圆对称且装配满足同轴，将镜头作为满足圆对称结构的整体进行研究。如图 4.3 所示，将某一像元对应的入射光束分解为相互正交的 P 光(子午方向)和 S 光(弧矢方向)。设 τ_1 和 τ_2 分别表示 P 光和 S 光的镜头电矢量振幅透射率，由菲涅耳公式可知，平行于入射面的电矢量振幅透射率和垂直于入射面的电矢量振幅透射率是不同的，而且随着入射角的改变而变化。在平行和垂直子午面的方向建立在像面投影的局部本征坐标系 $O\text{-}XY$。

通常光学镜头的偏振效应可分为三类：双向衰减、相位延迟、退偏。由于 DPC 仪器特点所限——只能探测线偏振，整机情况下无法独立研究相位延迟，同时目

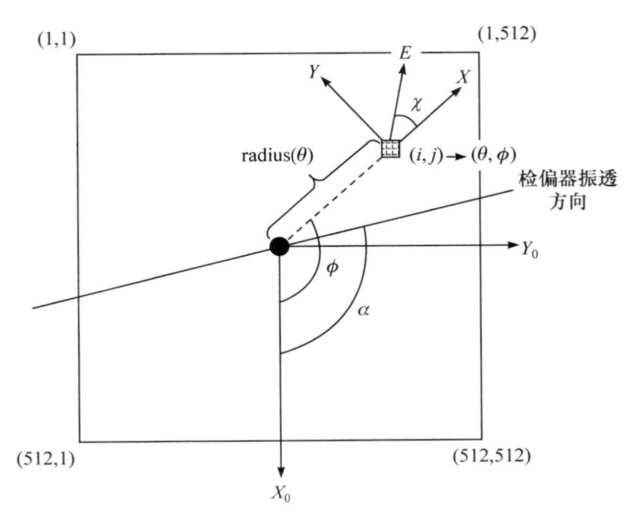

图 4.3　DPC 全视场成像坐标系、单像元本征坐标系和检偏器振透方向

标光也只关注线偏振信息，故降维只研究线偏振效应，不考虑相位延迟效应。另外，单像元光束在镜头不同孔径处，每根光线与各光学表面的入射角及其入射面方位角均稍有不同(有一定对称性)，会导致这束光会聚成像时发生退偏，通常光学成像镜头的退偏效应是个可忽略的小量。在研究各个单像元对应的镜头微元尺度下偏振效应，我们可将其类比以不同入射角通过均匀透明介质的情况，所以根据线偏振器 Mueller 矩阵，此时镜头微元在局部坐标系下的 3×3 本征 Mueller 矩阵可表示为

$$\boldsymbol{M}_{\text{lens}}=\frac{1}{2}\begin{bmatrix}\tau_1^2+\tau_2^2 & \tau_1^2-\tau_2^2 & 0\\ \tau_1^2-\tau_2^2 & \tau_1^2+\tau_2^2 & 0\\ 0 & 0 & 2\tau_1\tau_2\end{bmatrix}=\frac{\tau_1^2+\tau_2^2}{2}\begin{bmatrix}1 & \varepsilon & 0\\ \varepsilon & 1 & 0\\ 0 & 0 & \sqrt{1-\varepsilon^2}\end{bmatrix} \tag{4.8}$$

其中，ε 是镜头的线性双向衰减，通常也称之为镜头的起偏度，表达式为

$$\varepsilon=\frac{\tau_1^2-\tau_2^2}{\tau_1^2+\tau_2^2} \tag{4.9}$$

在忽略滤光片和 CCD 的偏振效应情况下，对于 DPC 非偏振通道，仪器的 Mueller 矩阵就只有镜头的 Mueller 矩阵。CCD 只响应 Stokes 矢量中的总光强参量，照射到 CCD 上的光强 I_{CCD} 为

$$I_{\text{CCD}}=[1\quad 0\quad 0]\times M_{\text{DPCnp}}\times S=[1\quad 0\quad 0]\times M_{\text{Lens}}\times S=\frac{\left(\tau_1^2+\tau_2^2\right)}{2}(I+\varepsilon Q) \tag{4.10}$$

在 CCD 响应线性区范围内，单像元上的光强转化成显示输出的 DN 值，其模型是：

$$\mathrm{DN} = GtAI_{\mathrm{CCD}} + C \tag{4.11}$$

其中，G 表示 CCD 电子学增益；t 表示 CCD 电子学积分时间(曝光时间)；A 表示对应光谱带的绝对定标系数；C 表示本底暗电流。故 DPC 非偏通道的辐射测量模型是

$$\mathrm{DN} = GtAg\left(I + \varepsilon Q\right) + C \tag{4.12}$$

其中，g 表示此单像元路径上的整体透射率。

为验证此镜头 Mueller 矩阵模型的合理、有效，研究人员开展了一组实验。用一束完全线偏光以一定视场角入射 DPC，将入射光偏振角以 10°间隔旋转一个 180°周期，观察 DPC 非偏通道相应单像元上响应 DN 值的变化规律，如图 4.4 所示。入射光束 Stokes 矢量用线偏振度 DoLP 和偏振角 AoLP(χ) 表示为

$$\boldsymbol{S} = I\left(1, \mathrm{DoLP} \cdot \cos 2\chi, \mathrm{DoLP} \cdot \sin 2\chi\right)^{\mathrm{T}} \tag{4.13}$$

DoLP = 1 时，非偏通道单像元的测量模型可表达为

$$\mathrm{DC} = Z \cdot \left(1 + \varepsilon \cdot \cos\left(2\pi\left(\chi - \chi_0\right) / w\right)\right) + \mathrm{DC}_0 \tag{4.14}$$

其中，$Z = GtAgI$ 表示综合响应度，DC 是扣除本底暗电流后的 CCD 响应灰度值，DC_0 是 CCD 响应线性区不过零点的截距。

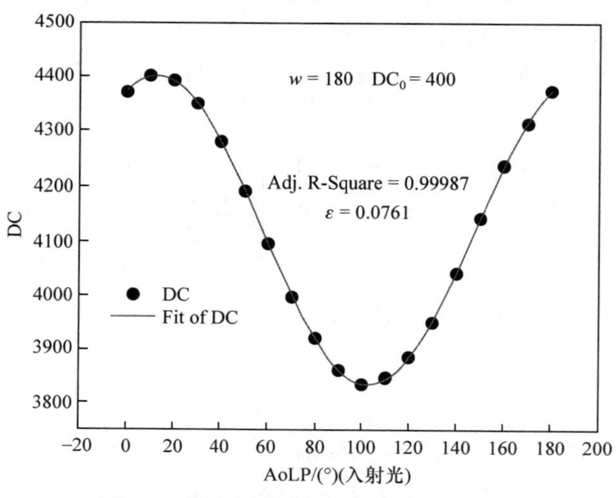

图 4.4　非偏通道单像元响应值及其拟合

图 4.4 中，黑点为单像元实验测量响应值，曲线为其模型公式(4.14)的拟合曲线，拟合匹配度很好(Adj. R-Square 值达到 0.99987)，表明了镜头建模的假设是合理的，Mueller 矩阵模型是正确的。另外，此时 ε 的拟合值为 0.0761，表明了此像元对应视场角下的镜头起偏度大小。

4.3.2　偏振通道单像元辐射测量模型

DPC 偏振通道中，镜头后面是有一定方位角的线偏振片。方位角为零的理想线偏振片 3×3 的 Mueller 矩阵 M_{FLP0} 可表达为

$$M_{\mathrm{FLP0}}=\begin{bmatrix}1&1&0\\1&1&0\\0&0&0\end{bmatrix} \tag{4.15}$$

设 CCD 像元阵列的行列方向分别为 $+X_0$ 和 $+Y_0$ 方向，$O\text{-}X_0Y_0$ 为仪器全视场成像坐标系，X 轴与 $+X_0$ 轴的夹角(方位角)为 ϕ。另外，转轮中线偏振片透过轴方向与 $+X_0$ 轴的夹角为 α。

对于各局部坐标系下的入射光束，转轮里的检偏器有 $(\alpha-\phi)$ 的方位角。所以 DPC 偏振通道的 Mueller 矩阵为

$$\begin{aligned}M_{\mathrm{DPCp}}&=R_{\alpha-\phi}\times M_{\mathrm{FLP0}}\times R_{\alpha-\phi}\times M_{\mathrm{Lens}}\\&=\frac{\left(\tau_1^2+\tau_2^2\right)}{2}\begin{bmatrix}1+\varepsilon\cos[2(\alpha-\phi)]&\varepsilon+\cos[2(\alpha-\phi)]&\sqrt{1-\varepsilon^2}\sin[2(\alpha-\phi)]\\\Lambda_1&\Lambda_2&\Lambda_3\\\Lambda_4&\Lambda_5&\Lambda_6\end{bmatrix}\end{aligned} \tag{4.16}$$

只需关注矩阵相乘后的第 1 行参数即可，矩阵元 $\Lambda_1\sim\Lambda_6$ 意义不大，此处不给出。照射到 CCD 上的光强 I_{CCD} 为

$$\begin{aligned}I_{\mathrm{CCD}}&=[1\quad0\quad0]\times M_{\mathrm{DPCp}}\times S\\&=\frac{\left(\tau_1^2+\tau_2^2\right)}{2}\Big(\big(1+\varepsilon\cos\left[2(\alpha-\phi)\right]\big)I+\big(\varepsilon+\cos\left[2(\alpha-\phi)\right]\big)Q\\&\quad+\left(\sqrt{1-\varepsilon^2}\sin\left[2(\alpha-\phi)\right]\right)U\Big)\end{aligned} \tag{4.17}$$

4.3.3　辐射测量模型全视场推演

由单像元测量模型和 DPC 特点可知，现实中的一大难点在于如何确定精确到微元尺度上的各种透射率、响应率和各个方位角度。光学镜头各个微元上的透射率差异、转轮里滤光片/线偏片/衰减片各个微元上的透射率差异、CCD 各个像元间的响应率差异，都是空间非均匀性方面的棘手问题，某一单像元所对应的方位角和转轮里线偏振片透射轴的方位角也都是研究难点。

正因为模型中的参量表示的都是单个像元及其所对应的一系列微元上的物理性质，我们几乎不可能从这些各个微元的角度去研究 DPC，而且 DPC 实际情况

下都是全视场(512×512 像元)成像，为便于研究且对应 DPC 实际成像情况，我们需要将此微元辐射测量模型推演到含全视场可测、有明确物理含义的参量表达形式。

通过分析这些微元上透射、响应差异的特点，一个可行的解决办法是将所有这些空间非均匀性的因素划分成两类：一类是空间低频透射率的差异，镜头、滤光片/线偏振片/衰减片整个微元阵列上空间低频透射率差异属于此类；另一类是空间高频透射率、响应率的差异，CCD 像元间的响应率差异属于此类。另外，DPC 每个偏振波段有相邻的三检偏通道，此三通道需要结合在一起才能反解得到目标光的偏振信息，所以三检偏通道之间还存在整体透射率的相对差异问题。

根据光学镜头和滤光单元的中心圆对称特点，表示 CCD 像元坐标位置的直角坐标系 (i,j) 可以转换到表示对应镜头组 + 滤光单元的微元坐标位置的极坐标系 (θ,ϕ)，θ 表示 DPC 仪器的视场角，ϕ 表示 DPC 仪器的方位角。所以，DPC 偏振通道全视场单像元上辐射测量模型可表示为

$$\mathrm{DN}_{i,j}^{m,s,k} = G^m \cdot t^s \cdot A^k \cdot T^{k,a} \cdot g_{i,j}^k \cdot P_{i,j}^k \cdot \left(P1_{i,j}^k I_{i,j}^k + P2_{i,j}^k Q_{i,j}^k + P3_{i,j}^k U_{i,j}^k\right) + C_{i,j}^{m,s} \quad (4.18)$$

其中

$$P1_{i,j}^{k,a} = P1_{\theta,\varphi}^{k,a} = 1 + \varepsilon_\theta^k \cos\left[2\left(\alpha^{k,a} - \phi\right)\right]$$

$$P2_{i,j}^{k,a} = P2_{\theta,\varphi}^{k,a} = \varepsilon_\theta^k + \cos\left[2\left(\alpha^{k,a} - \phi\right)\right]$$

$$P3_{i,j}^{k,a} = P3_{\theta,\varphi}^{k,a} = \sqrt{1 - \varepsilon_\theta^{k^2}} + \sin\left[2\left(\alpha^{k,a} - \phi\right)\right] \quad (4.19)$$

标识符含义是：i、j 表示像元坐标位置；m 表示 CCD 电子学增益挡位；s 表示 CCD 电子学积分时间挡位；k 表示光谱波段 $(1 \leqslant k \leqslant 8)$；$a$ 表示第几偏振通道 $(1 \leqslant a \leqslant 3)$。

同理，将此模型推导思路用于 DPC 的非偏通道，由于非偏通道中少了转轮里线偏振片的 Mueller 矩阵，同时也不需要考虑通道间的相对透射率，所以 DPC 非偏通道的全视场单像元辐射测量模型为

$$\mathrm{DN}_{i,j}^{m,s,k} = G^m \cdot t^s \cdot A^k \cdot g_{i,j}^k \cdot P_{i,j}^k \cdot \left(P1_{i,j}^k I_{i,j}^k + P2_{i,j}^k Q_{i,j}^k + P3_{i,j}^k U_{i,j}^k\right) + C_{i,j}^{m,s} \quad (4.20)$$

其中

$$P1_{i,j}^k = P1_{\theta,\varphi}^k = 1$$

$$P2_{i,j}^k = P2_{\theta,\varphi}^k = \varepsilon_\theta^k$$

$$P3_{i,j}^k = P3_{\theta,\varphi}^k = 0 \quad (4.21)$$

4.4　偏振成像仿真

DPC 全视场偏振成像测量正演仿真的目的是用理想状态下的设定光源入射仪器，结合一些仪器先验的特点，分析其最终的成像结果规律，从而为后期具体开展偏振定标实验提供宏观的初步认识，便于对具体的各项仪器参数定标提供指导依据。

仿真时，设定目标景象在全视场内的光辐射(含偏振)信息都是均一的，这种情况可对应理想状态下在轨运行时均一的沙漠、均一的海洋、均一的云，或是地面实验室情况下均一的大积分球光源。

以 DPC 的 CCD 全视场像元位置坐标序列作为二维自变量，由初步实验得到中心零视场对应的像元位置坐标是成像结果图的第 256 行、第 254 列，以像元位置坐标到中心零视场坐标的距离(r)作为视场角(θ)的对应量，仿真过程中将 512×512 的方形面阵直角坐标系转换为以中心零视场像元坐标为原点的极坐标系，如图 4.5 所示。

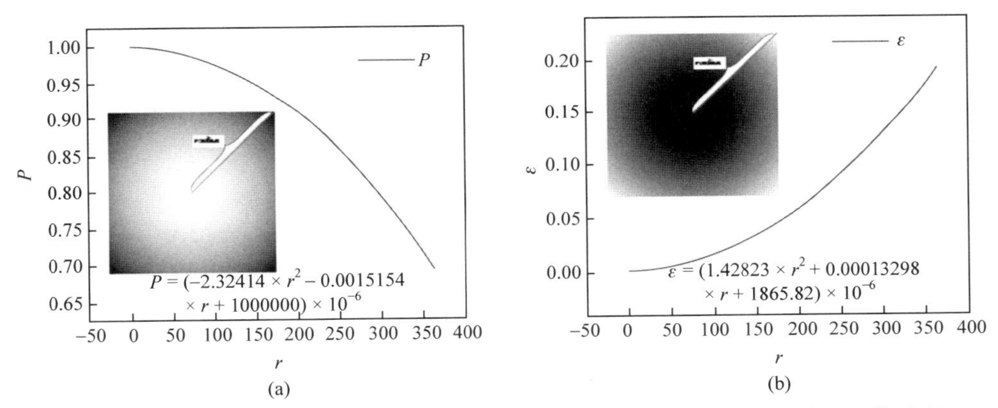

图 4.5　全视场低频相对透射率 P、镜头起偏度 ε 随 radius 的变化关系设定及二维示意

图 4.5 表示 P、ε 的二维矩阵式设定值，其分布满足圆对称，图中给出了其值沿径向方向的数学模型。

根据初步的光学实验结果和电子学参数设置情况，可将模型式(4.20)中各个仪器物理参数值设定如表 4.3 所示。

表 4.3　仪器物理参数值设定

物理量	设定值
G	1
t	0.02
A	350000

续表

物理量	设定值
T^1	0.87268
T^2	1
T^3	0.98292
α_1	–26°
α_2	93°
α^3	34°
g^1、g^2、g^3	512×512 的全 1 矩阵
P	参见图 4.6
ε	参见图 4.6

4.4.1　全视场均一非偏光入射正演仿真

图 4.6 给出了某一偏振波段下的三检偏通道对全视场均一非偏光入射时的成像响应仿真结果。

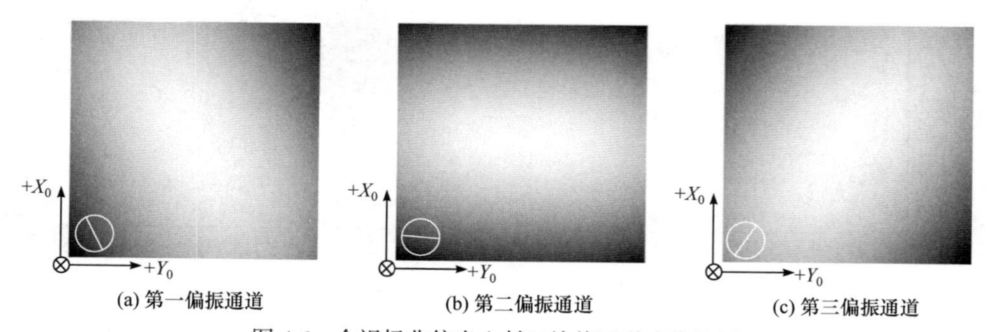

(a) 第一偏振通道　(b) 第二偏振通道　(c) 第三偏振通道

图 4.6　全视场非偏光入射三检偏通道成像结果

图中左下角带有直径线的圆表示此偏振通道转轮中线偏片及其透过轴方位角。计算视场角为 46.33°(对应 r 值为 225)时，方位角从–180°到 179°(步长间隔 1°)的一圈坐标像元上的响应二维拟合值，如图 4.7 所示。

图 4.7 中的 DC 表示扣除本底信号后的响应值，DC_1、DC_2、DC_3 分别对应第一、第二、第三偏振通道的结果。用偏振度、偏振角表示的 Stokes 参量，由于入射光是非偏光，DoLP = 0，无偏振角概念，代入式(4.20)中可得测量响应模型为

$$\mathrm{DC} = GtATgPI\left(1+\varepsilon\cdot\cos\left(2\left(\alpha-\phi\right)\right)\right) \tag{4.22}$$

由于沿同一视场角选取一圈方位角时圆对称的特点，式(4.22)中的 P 为一定值，可设 $Z = GtATgPI$，所以对一圈像元响应值按模型

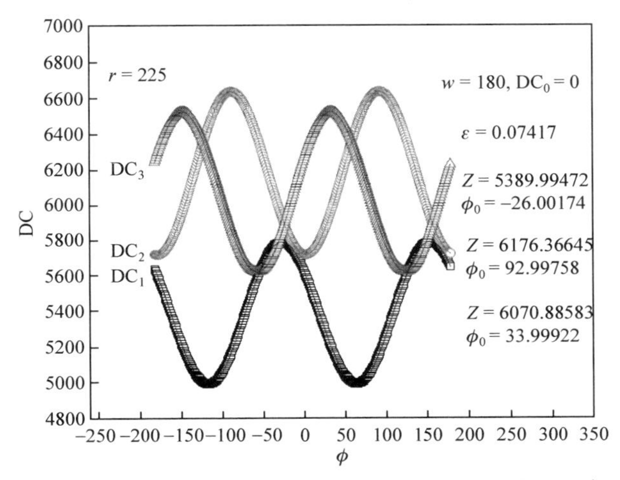

图 4.7　非偏光入射三检偏通道成像结果一圈响应及拟合

$$\mathrm{DC} = Z\left(1+\varepsilon\cdot\cos\left(2\pi\left(\phi-\phi_0\right)/w\right)\right)+\mathrm{DC}_0 \tag{4.23}$$

拟合，可得出未知物理参数，如综合透射率和初始方位角，拟合结果在图 4.8 中也有展示。式(4.23)比式(4.22)多出一项 DC_0 是为了保证 CCD 测量模型扣除本底后，其线性响应区没有过零点的情况。

$$\mathrm{DC} = GtATgPI \tag{4.24}$$

此时非偏通道的全视场成像响应结果相对值可以表征全视场低频相对透射率 P，故而可以作为一种关于 P 的定标方法。

4.4.2　全视场均一线偏光入射正演仿真

将入射光设定为全视场均一的完全线偏光，但实际上，如此大的全视场均一线偏光几乎是不存在的，所以在分析结果规律时，一次只选取其中单个分视场(如单像元对应的视场)的仿真结果。全视场完全线偏光入射三检偏通道成像结果如图 4.8 所示。

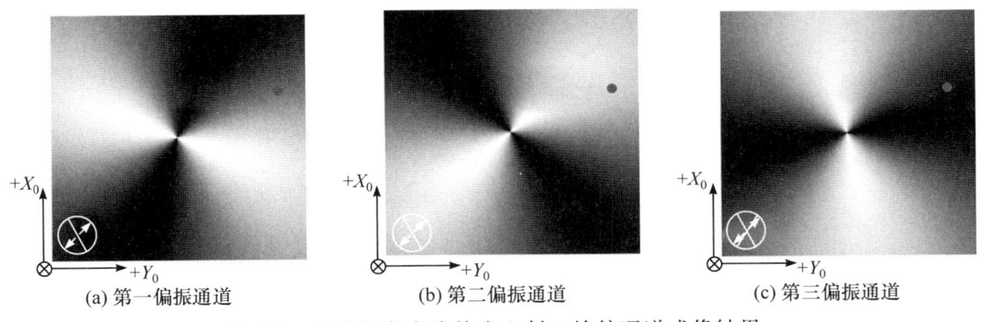

图 4.8　全视场完全线偏光入射三检偏通道成像结果

图 4.8 中左下角的虚线双箭头表示入射光的偏振角方向。选取第 162 行、第 458 列的单像元进行仿真结果的分析，以不同偏振角入射此分视场，得到的仿真结果如图 4.9 所示。

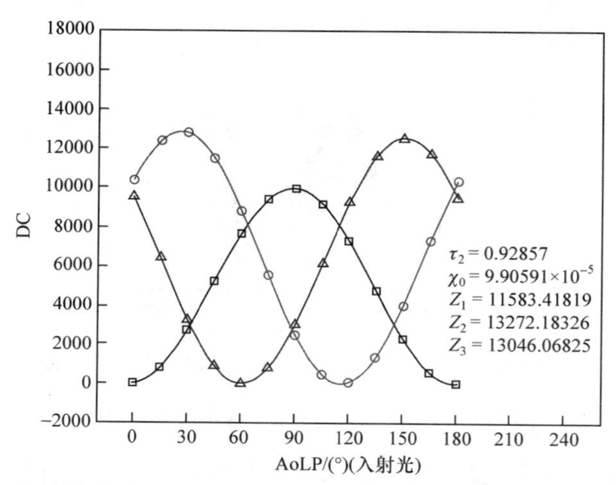

图 4.9　不同偏振角完全线偏光入射三检偏通道成像结果单像元响应及拟合

从分视场光束传播方向横截面内两个正交方向电矢量角度来看，此时的入射光可先分解到子午方向和弧矢方向，子午和弧矢的两个分量再分解到转轮内线偏片的透过轴方向上，从而得到 CCD 上接收的矢量强度，具体如图 4.10 所示，结合模型的推导思路，此时的单像元辐射测量模型可以表达为

$$\mathrm{DC} = Z \cdot \Big(\tau_1 \cdot \cos\big((\phi - \phi_0)\cdot \pi / w\big)\cdot \cos\big((\alpha - \phi_0)\cdot \pi / w\big) + \tau_2 \cdot \sin\big((\chi - \phi)\cdot \pi / w\big)\cdot \sin\big((\alpha - \phi)\cdot \pi / w\big)\Big)^2 + \mathrm{DC}_0 \tag{4.25}$$

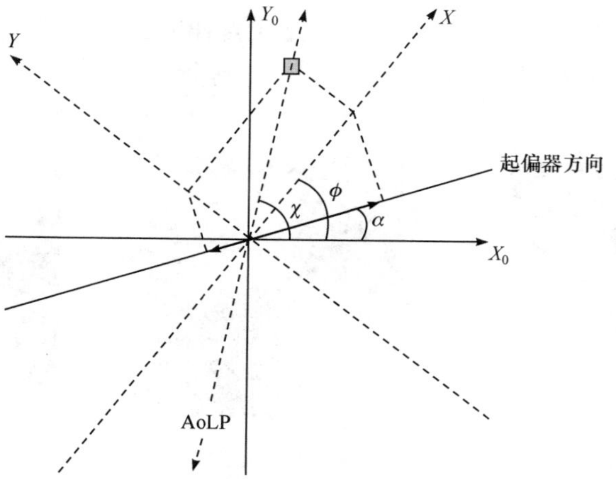

图 4.10　单微元线偏光入射偏振通道的矢量分解

可以用此模型对不同偏振角入射光的单像元成像结果进行全局拟合。拟合时，设共享且固定参数 $w=180$、$DC_0=0$、$\tau_1=1$、$\varphi=65.26049°$([162,458]单像元的方位角)，固定参数 α_1、α_2、α_3 分别为−26°、93°、34°(三检偏透过轴绝对方位角已被定标的情况下)，拟合得出共享参数 $\tau_2=0.92857$，另外 $Z_1=11583.41819$、$Z_2=13272.18326$、$Z_3=13046.06825$。τ_1、τ_2 的相对值和 Z 的相对值已得出，故而可作为一种关于 ε 和 T 的定标方法。此时拟合定标出的 ε 为 0.07397，而[162,458]单像元对应的 ε 设定值为 0.07392，此定标方法仿真精度为 0.00005。另外 $Z_1/Z_2=0.87276$、$Z_3/Z_2=0.98296$，与 $T_1=0.87268$、$T_3=0.98292$ 的仿真设定值偏差分别是 0.00008、0.00004。

另外，此种完全线偏光入射 DPC 非偏通道时，可得测量响应模型

$$\mathrm{DC}=GtATgPI\left(1+\varepsilon\cdot\mathrm{DoLP}\cdot\cos2\chi\right) \tag{4.26}$$

取第 162 行、第 458 列的单像元进行分析，不同偏振角的完全线偏光入射此分视场时，得到的结果如图 4.11 所示。

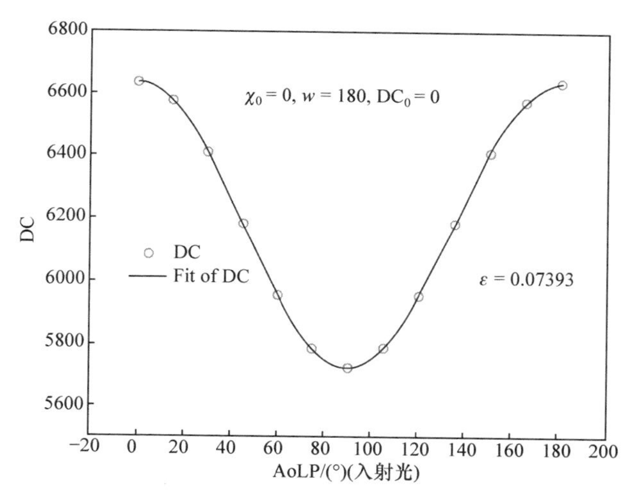

图 4.11　不同偏振角完全线偏光入射非偏通道单像元响应及拟合

当 DoLP=1 时，只不过是将 DPC 像元方位角 φ 换成了外部入射线偏光的偏振角 χ 而已，其拟合出镜头起偏度为 0.07393，与设定值偏差 0.00001，故而此方法可作为 DPC 非偏通道 ε 的定标方法。

DPC 的偏振通道用来测量目标光偏振态(偏振度 DoLP、偏振角 AoLP)，非偏通道用来测量目标光辐亮度，所以还要通过测量模型进行反演解析，得到实际需求的信息。

4.5　多角度偏振成像仪成像模型检验

根据偏振探测需求，DPC 设计要求辐射测量误差小于 5%，偏振测量误差小于 2%，光楔补偿误差小于 0.1 像元。在构建 DPC 成像模型之后，需要对模型的有效性进行检验，包括 DPC 的探测器校正和光学定标。下面对 DPC 的辐射测量、偏振测量和光楔配准的精度进行检验。

4.5.1　辐射测量检验

DPC 辐射线性测量与绝对辐射定标系数测量实验室装置一致，改变积分球辐射亮度级别，在探测器校正阶段进行了测试。

整机通过积分球光源的亮度变化测量 DPC 的线性变化，DPC 的 865nm 和 910nm 波段响应非线性测量数据如图 4.12 所示，表示为数据校正后的有效信号 DN 和标准探测器电压的线性关系。

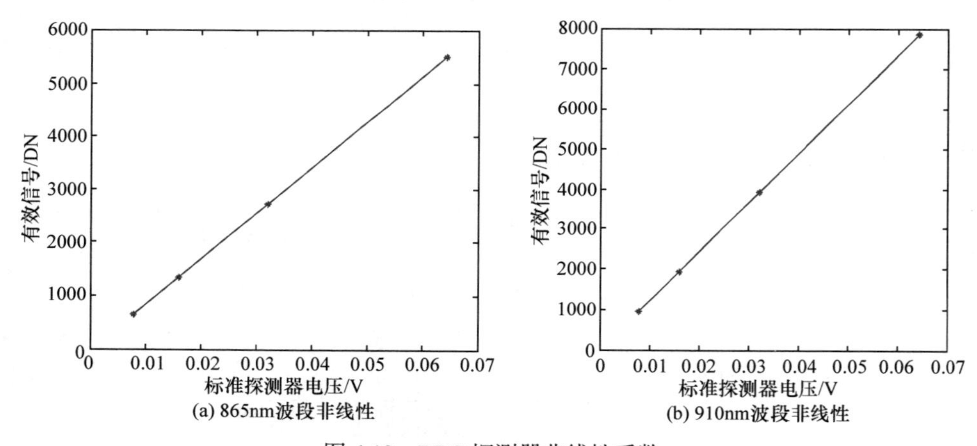

图 4.12　DPC 探测器非线性系数

k 波段非线性 NL(*k*)计算为

$$\mathrm{NL}(k)=\frac{\mathrm{rmse}(k)}{\overline{y}}\times 100\% \tag{4.27}$$

式中，rmse 为线性拟合的均方根误差，$\overline{y}$ 为中心视场的用于测量的区域均值。

DPC 的非稳定性是指其输出在规定的时间内变化程度，该仪器的 865nm 波段和 910nm 波段非稳定性测量数据如图 4.13 所示。

非稳定性 NS(*i*) 计算为

$$\mathrm{NS}(i)=\frac{1}{\overline{y}}\sqrt{\frac{\sum_{t=1}^{M}(y(i,t)-\overline{y})^2}{M-1}}\times 100\% \tag{4.28}$$

式中，$y(i,t)$ 为 t 次时间测量中的中心视场区域响应值，$\overline{y}$ 为中心视场的总测量时间内的区域均值，M 为测量次数。

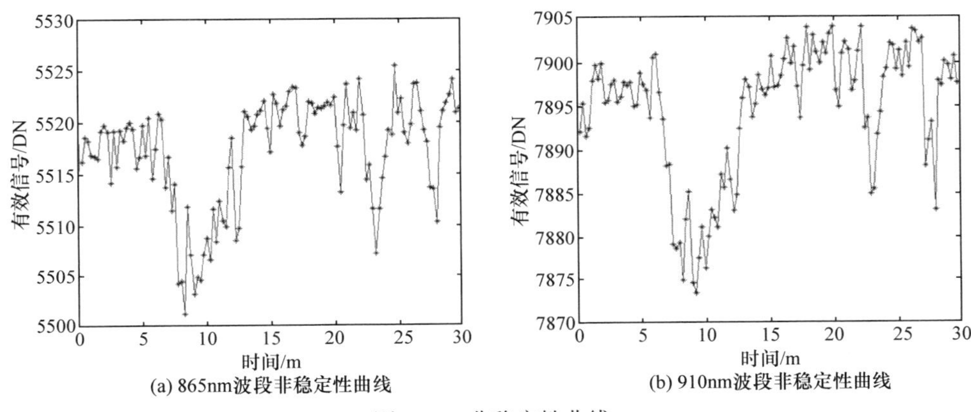

图 4.13　非稳定性曲线

光谱辐射计定标不确定度为传递不确定度，通过 DPC 非线性、非稳定性检测的合成不确定度表示辐射测量误差。如表 4.4 所示，数据校正后 DPC 辐射测量误差小于 5%。

表 4.4　DPC 辐射测量不确定度

工作谱段	不确定性因素及贡献			合成不确定度/%
	传递不确定度/%	非线性/%	非稳定性/%	
443nm	3.11	0.16	0.07	3.12
490nm	3.08	0.07	0.05	3.09
565nm	3.07	0.14	0.06	3.08
670nm	3.06	0.03	0.05	3.07
763nm	2.92	0.05	0.11	2.93
765nm	2.92	0.07	0.11	2.93
865nm	3.13	0.13	0.10	3.14
910nm	3.94	0.17	0.10	3.95

4.5.2　偏振测量检验

1. 实验室检测

实验室通常使用偏振参考光源进行偏振检测[58]，如图 4.14 所示，主要由偏振光源输出和偏振成像视场调整转台组成。

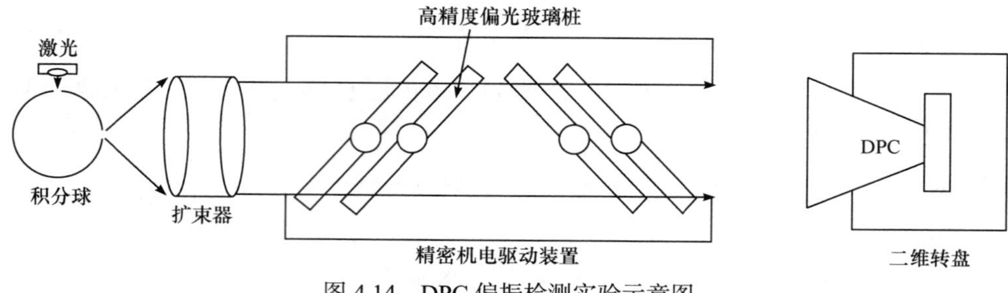

图 4.14　DPC 偏振检测实验示意图

选择偏振参考光源的输入偏振度为0.1～0.6的偏振光,其不确定度小于0.2%,平板玻璃堆前入射光可分解为平行、垂直入射面分量 $I_{//}$ 、$I_{\perp}$ ，经过一块平板玻璃的线偏振度可表示为

$$P_1=\left(I_{//}-I_{\perp}\right)/\left(I_{//}+I_{\perp}\right) \tag{4.29}$$

依据设计要求，4 片平板玻璃材质和倾斜角状态一致，总的出射光线偏振度为

$$P=\left[\left(1+P_1\right)^4-\left(1-P_1\right)^4\right]/\left[\left(1+P_1\right)^4+\left(1-P_1\right)^4\right] \tag{4.30}$$

光源光谱范围为 350～2000nm，偏振度范围为 0～0.72，基本满足自然光测量范围。转台调节范围方位角为±180°，俯仰角为±60°，满足大视场测量角度。洁净间洁净度优于 10 万级，产品与实验设备不共地，接地点电阻小于 1Ω，测试期间使用光谱辐射计监测光源。旋转平板玻璃堆角度，预先设置了 9 种线偏振度 P_1 ～ P_9 ，以 670nm 波段为基准，不同波段略有差异，不同玻片堆倾斜位置的偏振度如表 4.5 所示。

表 4.5　参考光源参数

波段	DoLP								
	P_1	P_2	P_3	P_4	P_5	P_6	P_7	P_8	P_9
490nm	0	0.1029	0.1528	0.2037	0.2545	0.3053	0.4063	0.5071	0.6073
670nm	0	0.1000	0.1500	0.2000	0.2500	0.3000	0.4000	0.5000	0.6000
865nm	0	0.0999	0.1485	0.1981	0.2476	0.2973	0.3966	0.4962	0.5961

检测 DPC 不同视场，视场分别设置为−45°、−30°、−15°、0°、15°、30°、45°视场，以满足实际工作中多角度探测需求。实验数据通过偏振解析计算测量值，计算结果如表 4.6～表 4.8 所示，偏振测量偏差均小于 0.02。

表 4.6 DPC 490nm 波段的检测结果

设置 DoLP 值	不同视场角下的 DoLP 测量值						
	45°	30°	15°	0°	–15°	–30°	–45°
0	0.0034	0.0022	0.0087	0.0014	0.0039	0.0047	0.0032
0.1029	0.1063	0.1061	0.1036	0.1056	0.1015	0.1020	0.1025
0.1528	0.1559	0.1543	0.1519	0.1556	0.1518	0.1516	0.1511
0.2037	0.2065	0.2048	0.2036	0.2071	0.2031	0.2044	0.2030
0.2545	0.2590	0.2580	0.2526	0.2589	0.2516	0.2546	0.2521
0.3053	0.3109	0.3110	0.3048	0.3087	0.3043	0.3049	0.3017
0.4063	0.4106	0.4110	0.4076	0.4093	0.4040	0.4064	0.4023
0.5071	0.5106	0.5108	0.5076	0.5084	0.5057	0.5061	0.5039
0.6073	0.6113	0.6099	0.6092	0.6096	0.6078	0.6059	0.6041

表 4.7 DPC 670nm 波段的检测结果

设置 DoLP 值	不同视场角下的 DoLP 测量值						
	45°	30°	15°	0°	–15°	–30°	–45°
0	0.0061	0.0045	0.0087	0.0040	0.0024	0.0038	0.0024
0.1000	0.0960	0.0974	0.0989	0.0994	0.0995	0.1012	0.1036
0.1500	0.1492	0.1497	0.1460	0.1517	0.1504	0.1509	0.1534
0.2000	0.1938	0.1952	0.1967	0.1979	0.1995	0.1985	0.2009
0.2500	0.2463	0.2471	0.2480	0.2519	0.2503	0.2503	0.2497
0.3000	0.2992	0.2969	0.2974	0.2979	0.3003	0.2971	0.2962
0.4000	0.3955	0.3969	0.3962	0.4005	0.3992	0.4019	0.3994
0.5000	0.4998	0.5000	0.4981	0.5003	0.4998	0.4996	0.4997
0.6000	0.5978	0.6016	0.6000	0.6003	0.5999	0.6019	0.6020

表 4.8 DPC 865nm 波段的检测结果

设置 DoLP 值	不同视场角下的 DoLP 测量值						
	45°	30°	15°	0°	–15°	–30°	–45°
0	0.0036	0.0027	0.0045	0.0039	0.0034	0.0048	0.0063
0.0999	0.0975	0.0963	0.0978	0.0954	0.0954	0.0954	0.0984
0.1485	0.1460	0.1473	0.1456	0.1452	0.1488	0.1483	0.1477
0.1981	0.1952	0.1973	0.1963	0.1930	0.1981	0.1975	0.1948
0.2476	0.2478	0.2467	0.2460	0.2440	0.2475	0.2468	0.2480
0.2973	0.2947	0.2973	0.2960	0.2931	0.2969	0.2955	0.2951
0.3966	0.3950	0.3960	0.3956	0.3934	0.3961	0.3966	0.3954
0.4962	0.4937	0.4952	0.4946	0.4935	0.4957	0.4958	0.4950
0.5961	0.5950	0.5972	0.5953	0.5947	0.5963	0.5955	0.5938

选取 DPC 视场的 4 个顶角(图 4.15)进行偏振检验计算，测量结果见表 4.9～表 4.11。

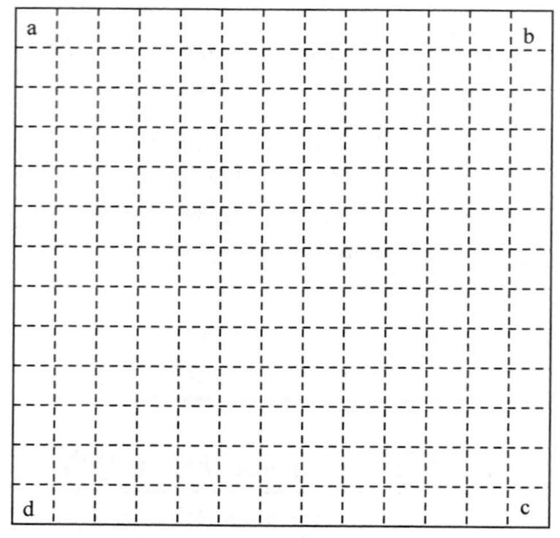

图 4.15　DPC 视场顶角测试示意

表 4.9　DPC 490nm 波段测量 DoLP　(%)

设置 DoLP 值	不同顶角的 DoLP				DoLP 平均值	ΔDoLP
	a	b	c	d		
0	0.767473	0.448483	1.070549	2.303820	1.147581	1.147581
10.29	11.08708	10.55647	9.774632	8.839912	10.06452	0.225476
20.37	21.27997	20.52518	19.42585	19.10427	20.08382	0.286183
30.53	31.42842	30.66678	29.53526	29.30789	30.23459	0.295413
40.63	41.80541	40.48893	38.98368	39.88799	40.2915	0.338498
50.71	51.75733	50.20523	49.30738	49.82040	50.27259	0.437415
60.73	61.77497	59.70667	58.98369	60.19786	60.1658	0.564203

表 4.10　DPC 670nm 波段测量 DoLP　(%)

设置 DoLP 值	不同顶角的 DoLP				DoLP 平均值	ΔDoLP
	a	b	c	d		
0	0.145084	1.504577	0.902727	0.324895	0.719321	0.719321
10	10.51285	8.930423	10.37862	10.02617	9.962016	0.037984
20	20.44514	18.44980	20.33097	19.81561	19.76038	0.23962
30	30.33155	27.65223	29.70479	30.05638	29.43624	0.563762
40	40.00466	37.43056	39.13186	40.37859	39.23642	0.763582
50	49.95722	47.13837	48.91217	49.84652	48.96357	1.036430
60	59.87932	56.83307	58.81829	60.56162	59.02308	0.976925

表 4.11　DPC 865nm 波段测量 DoLP　(%)

设置 DoLP 值	不同顶角的 DoLP				DoLP 平均值	ΔDoLP
	a	b	c	d		
0	0.833817	0.843562	0.331109	0.338958	0.586862	0.586862
9.99	9.368610	10.21686	9.288889	9.687017	9.640344	0.349656
19.81	18.92482	19.43454	18.33836	19.32585	19.00589	0.804108
29.73	28.31665	28.78863	27.84551	28.81218	28.44074	1.289258
39.66	38.31975	38.20532	37.60223	38.58201	38.17733	1.482673
49.62	47.99460	47.43073	47.21188	48.07927	47.67912	1.940880
59.61	58.00039	56.85123	56.61726	57.91025	57.34478	2.265218

测量结果显示，仪器全视场内的偏振探测性能稳定，测量误差总体小于 0.02，数据校正方法有效。

2. 外场检测

天空光因大气粒子散射具有偏振特性，基于粒子散射作用的天空光呈现规律的偏振模式分布[59-61]。半球空间的分布满足 DPC 大视场偏振光的需求，外场采用天空光进行探测，检测自然环境下 DPC 偏振探测性能。对于晴空瑞利散射偏振模型可表示为

$$P = P_{\max}\left(\frac{1-\cos^2\theta}{1+\cos^2\theta}\right) \tag{4.31}$$

式中，$R_{\max}$ 为测试条件下瑞利散射模型最大偏振度；θ 为散射角；h_s、ϕ_s 表示太阳高度角和方位角；h_v、ϕ_v 表示天空光相对观测点的高度角和方位角。散射角可表示为

$$\cos\theta = \sin h_s \sin h_v + \cos h_s \cos h_v \cos(\phi_s - \phi_v) \tag{4.32}$$

理论模型无法对天空光作精确描述，需要使用 CE318 太阳天空偏振辐射计测量数据作为定量化对比，CE318 为地基标准设备广泛应用于地面场，绝对辐射不确定度在 3%～5%。DPC 放置于建筑物以防止太阳直射，并对其进行充氮气防护，最后选用未被遮挡的数据进行定量测试。外场实验测量范围如图 4.16 所示，CE318 偏振测量模式为太阳主平面内间隔 5°扫描测量，两台仪器测量重叠区在太阳天顶角−55°～10°的 65°范围内，原始数据和偏振度图以及和仿真比较如图 4.17 所示。

从偏振度图可以看出，天空光偏振度呈现有规律的分布，和瑞利散射分布一致，在散射角 90°附近偏振度最大，窗户玻璃反射光也出现较大的偏振度，DPC 计算结果和 CE318 比对如表 4.12 所示。

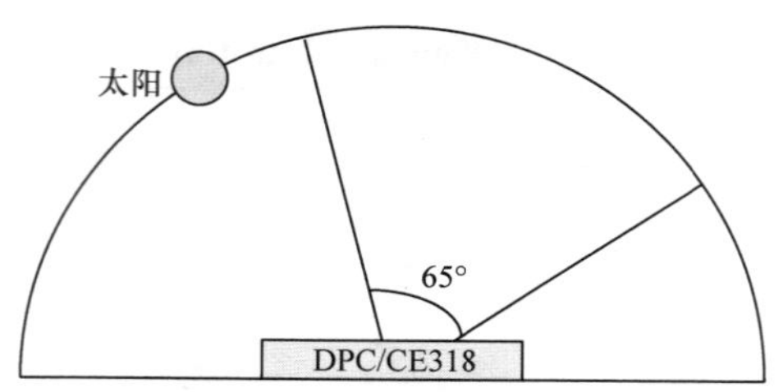

图 4.16　外场实验测量范围

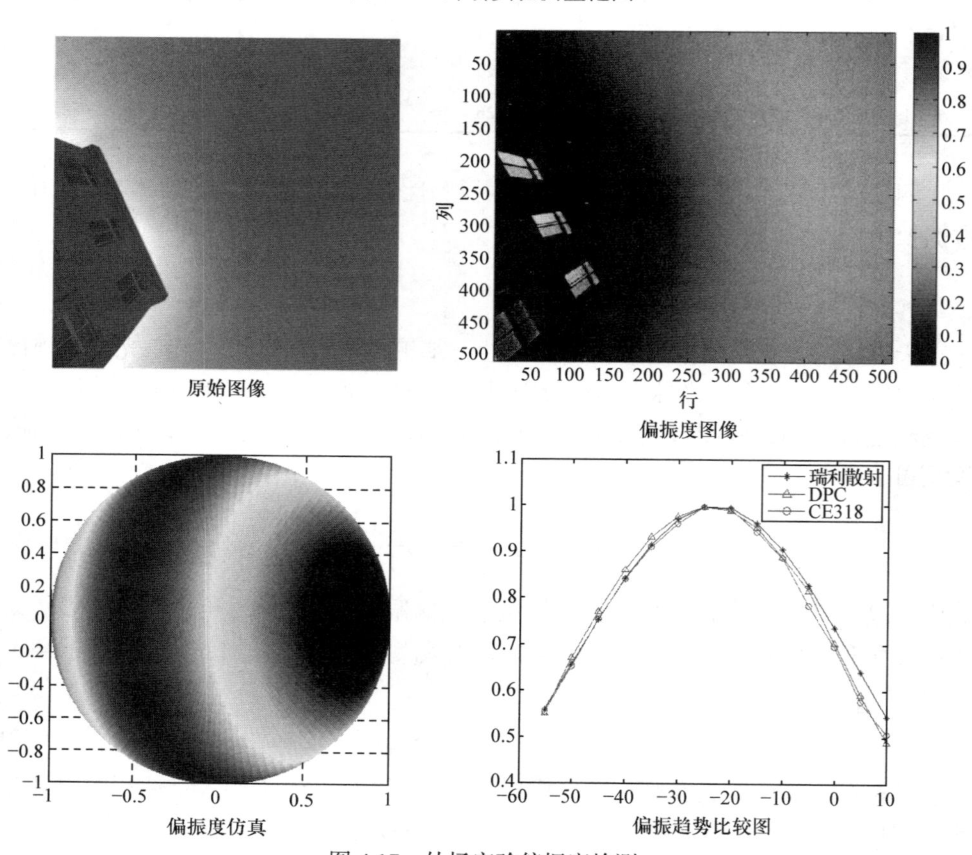

图 4.17　外场实验偏振度检测

表 4.12　外场偏振测量实验数据

天顶角/(°)	不同波段下 DoLP 测量值								
	490nm			670nm			865nm		
	DPC	CE318	$\|\Delta P\|$	DPC	CE318	$\|\Delta P\|$	DPC	CE318	$\|\Delta P\|$
−55	0.2373	0.2429	0.0056	0.2154	0.2251	0.0097	0.1996	0.2088	0.0092
−50	0.2791	0.2954	0.0163	0.2619	0.2670	0.0051	0.2375	0.2489	0.0114

续表

天顶角/(°)	不同波段下 DoLP 测量值								
	490nm			670nm			865nm		
	DPC	CE318	|Δ*P*|	DPC	CE318	|Δ*P*|	DPC	CE318	|Δ*P*|
–45	0.3227	0.3395	0.0168	0.3027	0.3040	0.0013	0.2856	0.2904	0.0048
–40	0.3591	0.3788	0.0197	0.3293	0.3366	0.0073	0.3104	0.3211	0.0107
–35	0.3897	0.4105	0.0208	0.3535	0.3623	0.0088	0.3266	0.3401	0.0135
–30	0.4113	0.4304	0.0191	0.3575	0.3772	0.0197	0.3526	0.3571	0.0045
–25	0.4267	0.4394	0.0127	0.3568	0.3803	0.0235	0.3401	0.3548	0.0147
–20	0.4245	0.4355	0.0110	0.3604	0.3714	0.0110	0.3417	0.3514	0.0097
–15	0.4033	0.4197	0.0164	0.3329	0.3524	0.0195	0.3215	0.3382	0.0167
–10	0.3793	0.3910	0.0117	0.3068	0.3287	0.0219	0.3056	0.3104	0.0048
–5	0.3356	0.3539	0.0183	0.2868	0.2973	0.0105	0.2746	0.2822	0.0076
0	0.2978	0.3103	0.0125	0.2656	0.2576	0.0080	0.2481	0.2483	0.0002
5	0.2473	0.2606	0.0133	0.2178	0.2207	0.0029	0.2110	0.2114	0.0004
10	0.2171	0.2155	0.0016	0.1899	0.1836	0.0063	0.1791	0.1796	0.0005

检测结果表明外场和实验室检测结果一致，偏振测量误差总体小于 0.02，外场实验验证了自然目标下数据校正的准确性。

4.5.3　光楔配准检验

DPC 使用光楔补偿实现对同一目标、不同方向的检偏，三个检偏通道分别为 P1、P2、P3，其中 P2 为基准，则检偏通道分别有–1、0 和 1 像元偏移，用于补偿卫星飞行视角差异。实验室通过 0°视场和 30°视场对光楔像元匹配精度进行测试，结果如表 4.13 和表 4.14 所示，*Y* 为穿轨方向，*X* 为沿轨方向，各光谱通道匹配精度均优于 ± 0.1 像元。

表 4.13　DPC 光楔补偿测试(0°视场)

波段	通道	光楔	点坐标		相对偏差		总偏差
			Y	*X*	*Y*	*X*	
490nm	P1	Negative	272.05	255.02	–0.01	–1.03	1.03
	P2	—	272.06	256.05	0.00	0.00	0.00
	P3	Positive	272.07	257.04	0.01	0.99	0.99
670nm	P1	Negative	272.09	255.12	0.03	–0.99	0.99
	P2	—	272.05	256.11	0.00	0.00	0.00
	P3	Positive	272.07	257.05	0.02	0.94	0.94

续表

波段	通道	光楔	点坐标		相对偏差		总偏差
			Y	X	Y	X	
865nm	P1	Negative	272.05	255.07	–0.05	–0.96	0.96
	P2	—	272.10	256.03	0.00	0.00	0.00
	P3	Positive	272.01	257.08	–0.09	1.05	1.05

表 4.14　DPC 光楔补偿测试(30°视场)

波段	通道	光楔	点坐标		相对偏差		总偏差
			Y	X	Y	X	
490nm	P1	Negative	272.43	379.64	–0.01	–1.04	1.04
	P2	—	272.44	380.68	0.00	0.00	0.00
	P3	Positive	272.44	381.66	0.00	0.98	0.98
670nm	P1	Negative	272.39	379.48	0.02	–1.00	1.00
	P2	—	272.37	380.48	0.00	0.00	0.00
	P3	Positive	272.40	381.44	0.03	0.96	0.96
865nm	P1	Negative	272.38	379.94	–0.04	–0.96	0.96
	P2	—	272.42	380.90	0.00	0.00	0.00
	P3	Positive	272.34	381.94	–0.08	1.04	1.05

DPC 通过广角成像实现多角度观测，视场是 DPC 几何特性重要参量，可通过实验室检验总视场，和在轨测量比对，监测仪器变化。总视场的测量使用小积分球加平行光管和分离式二维电控旋转台实现对载荷 X 向和 Y 向入射角的扫描，通过载荷对入射光的响应判断 X 向和 Y 向的最大视场角。各工作谱段总视场角计算结果如表 4.15 所示，总视场满足指标 $\pm(50° \pm 0.5°)$要求。实际遥感图像因地球曲率的影响，边缘视场像元分辨率大于星下点分辨率，如图 4.18 所示，实验室测量数据为像元中心点位置 1，在轨测试，数据为分辨率重采样后位置 2，视场计算略大于实验室测量。

表 4.15　DPC 总视场测试结果

波段	观测视场最大值			
	+Y/(°)	–Y/(°)	+X/(°)	–X/(°)
443nm	49.73	–49.80	49.79	–49.74
490nm	49.91	–49.97	49.97	–49.92
565nm	49.95	–50.02	50.02	–49.97

续表

波段	观测视场最大值			
	+Y/(°)	−Y/(°)	+X/(°)	−X/(°)
670nm	49.87	−49.93	49.93	−49.89
765nm	49.75	−49.81	49.80	−49.76
763nm	49.74	−49.80	49.80	−49.76
865nm	49.59	−49.65	49.65	−49.61
910nm	49.52	−49.58	49.58	−49.54

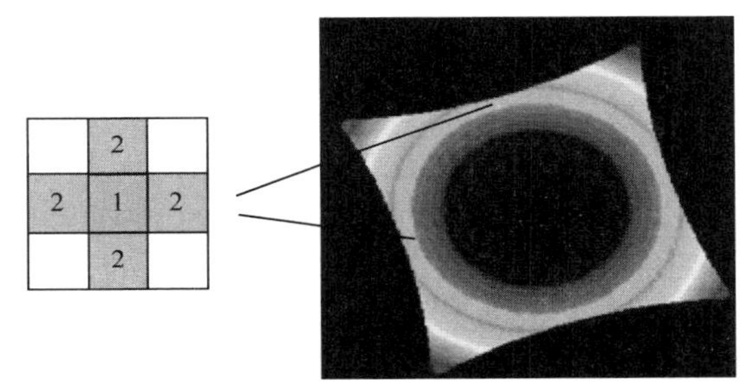

图 4.18　视场测试边缘像元空间位置示意图

几何测试表明，DPC 光楔补偿偏差小于 0.1 像元，总视场满足 ± 50°要求。

第 5 章　全链路偏振探测成像仿真技术与方法

偏振成像探测与传统的强度成像探测相比，能够提供包括偏振及所有强度信息在内的综合信息，可以增强对目标的判别或识别能力。偏振成像仿真的目的是为偏振成像系统设计提供依据及验证。本章通过分析地物二向反射特性、大气特性和几何条件对偏振仿真的影响，研究目标背景、传输环境、成像探测三者之间的辐射能量传递过程，阐述光学遥感偏振成像仿真技术及方法。在此基础上，进行光学遥感偏振成像仿真软件设计及实现。

5.1　偏振成像仿真影响因素分析

5.1.1　大气影响敏感性分析

无论哪种偏振仿真方法，其仿真结果均受地物偏振二向反射模型、几何条件、大气模式和气溶胶模型的影响，下面使用矢量辐射传输模型 6SV 对上述影响因素逐一进行分析。6SV 模型采用连续散射方法(SOS)求解矢量辐射传输方程，并将大气分子散射、气溶胶散射及其相互作用一并予以考虑，同时兼顾地表 BRDF 与大气辐射的耦合[62]。

1. 大气模式的影响

下面针对矢量辐射传输模型 6SV 自定义的六种标准大气模式，通过分别计算六种标准大气模式下表观反射率、表观偏振反射率，来分析大气模式对偏振仿真过程的影响。

假设气溶胶类型为海洋型，能见度为 15km，波段范围为 647～693nm，下垫面为粗糙海表二向反射模型，其四个参数海面风速、海水盐度、风向方位角、色素浓度分别设置为 10m/s、34.30‰、100.00°和 1.0mg/m^3，太阳天顶角 40.0°，在卫星高度计算六种标准大气模式下主平面上不同散射角大气顶的表观反射率、表观偏振反射率，结果如图 5.1 和图 5.2 所示。

从图中可以看出，大气顶的表观反射率、表观偏振反射率基本上不受大气模式的影响，在不同大气模式下，大气顶的表观反射率仅在后向散射方向、50°散射方向附近有些微差别；大气顶的表观偏振反射率仅在 50°散射方向附近有些微差别，此时，观测方向与地物反射方向一致。

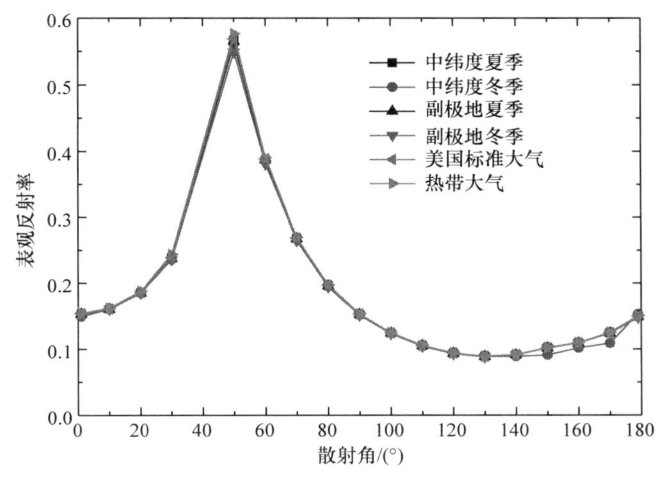

图 5.1　不同大气模式下主平面上不同散射角的大气顶表观反射率

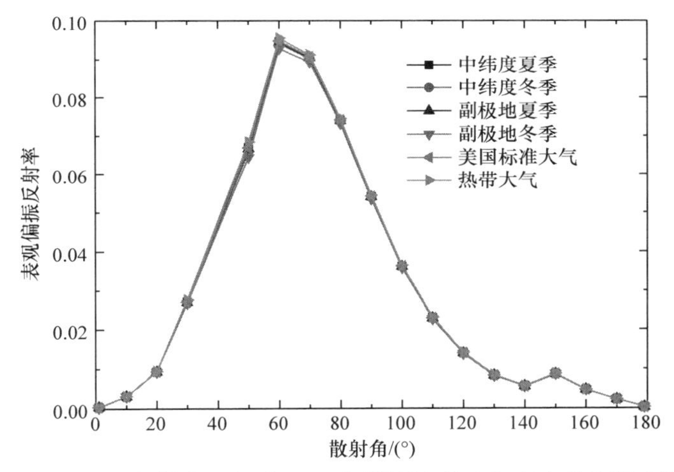

图 5.2　不同大气模式下主平面上不同散射角的大气顶表观偏振反射率

2. 气溶胶模型的影响

同理，在其他条件不变的情况下，研究经常使用的几种气溶胶模型对入瞳处反射率、入瞳处偏振反射率计算数值的影响。具体设置为：假设大气模式为中纬度冬季，能见度为 15km，太阳天顶角 40.0°，波段范围为 647～693nm，下垫面为粗糙海表二向反射模型，其四个参数海面风速、海水盐度、风向方位角、色素浓度分别设置为 10m/s、34.30‰、100.00°和 1.0mg/m^3，在卫星高度计算四种常用气溶胶模型下主平面上不同散射角大气顶的表观反射率、表观偏振反射率，结果如图 5.3 和图 5.4 所示。

从图中可以看出，大气顶的表观反射率和偏振反射率均与气溶胶模型密切相关。在不同气溶胶模型下，大气顶的表观反射率虽然随散射角变化的整体形状相似，但是数值有明显的差别，特别是前向散射方向数值差别较大。而大气顶的表观偏振反射率在前向散射和后向散射方向数值差别都较大，特别是在海洋气溶胶模型与其他类别的模型之间。

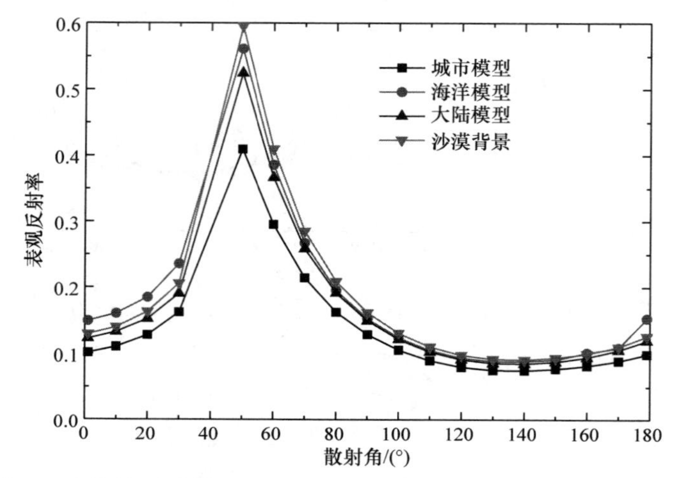

图 5.3　不同气溶胶模型时主平面上不同散射角的大气顶表观反射率

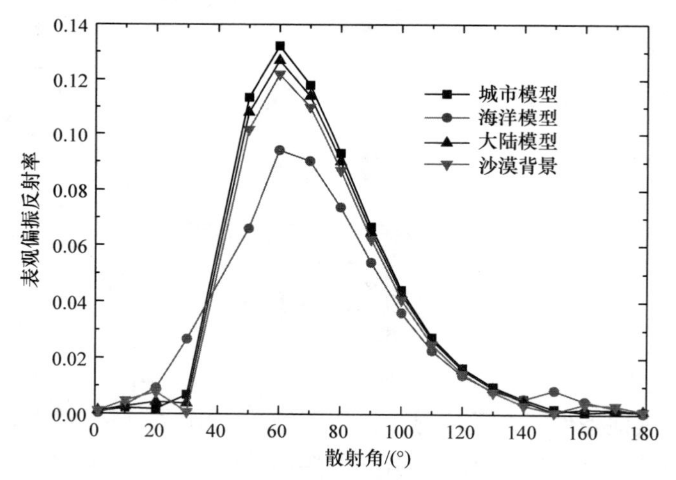

图 5.4　不同气溶胶模型时主平面上不同散射角的大气顶表观偏振反射率

5.1.2　下垫面影响的敏感性分析

下面以水体的偏振二向反射分布模型为例，通过计算不同风速、风向、色素浓度下大气顶的表观反射率和表观偏振反射率，研究地物 BPDF 对偏振辐射传输的影响。在计算中均设定正北方位角为 0°，观测方向为自北向南，且太阳从南向北照射时，太阳-观测相对方位角为 180°；风向使用太阳-风向相对方位角描述，当风自北向南吹，且太阳自南向北照射时，太阳-风向相对方位角为 180°。具体太阳照明和观测几何如图 5.5 所示，图中 ϕ_i 为太阳方位角，ϕ_r 为观测方位角或风向方位角。

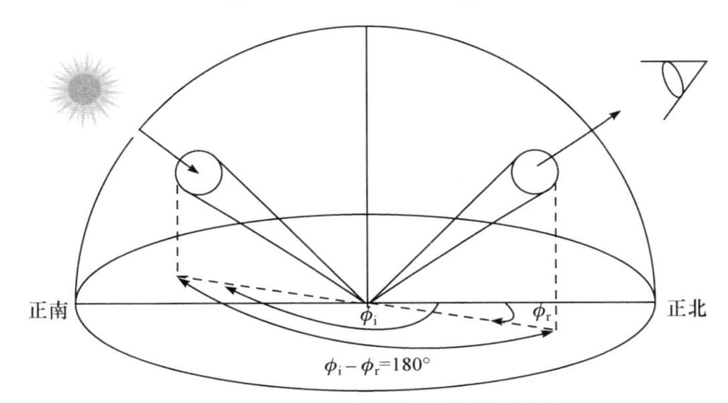

图 5.5　太阳照明和观测几何示意图

1. 风速的影响

下面通过使用矢量辐射传输模型 6SV 模拟计算不同风速下大气顶的表观反射率、表观偏振反射率，研究风速对偏振仿真结果的影响。具体设置为：假设大气模式为中纬度冬季，能见度为 15km，太阳天顶角和观测天顶角均为 50.0°，波段范围为 647～693nm，粗糙海表二向反射模型中的海水盐度、风向方位角、色素浓度三个参数分别设置为 34.30‰、100.00°和 1.0mg/m^3，在卫星高度计算不同太阳-观测相对方位角下不同风速大气顶的表观反射率、表观偏振反射率，结果如图 5.6 和图 5.7 所示。

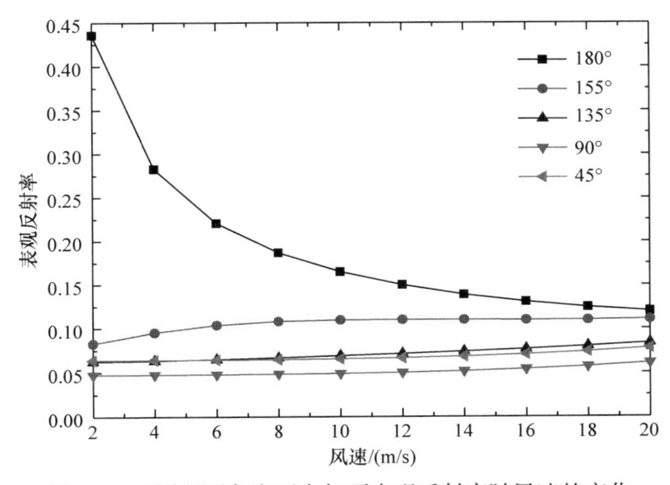

图 5.6　不同观测角度下大气顶表观反射率随风速的变化

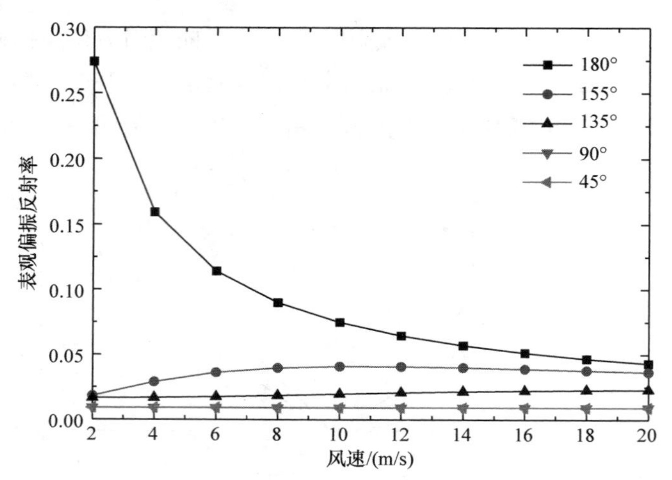

图 5.7　不同观测角度下大气顶表观偏振反射率随风速的变化

从图中可以看出，在太阳-观测相对方位角为 180°时，大气顶的表观反射率、表观偏振反射率的数值相对较大，并且均随着风速的增大急剧减小。而在太阳-观测相对方位角小于或等于 155°后，大气顶的表观反射率、表观偏振反射率的数值相对较小，并且均随着风速的增大缓慢增大。

2. 风向的影响

对风向的影响分析同风速的影响分析相似，在其他条件不变的情况下，使用矢量辐射传输模型 6SV 模拟计算不同风向下大气顶的表观反射率、表观偏振反射率。模拟计算时，风速设置为 10m/s，其他参数的设置同“风速的影响”的参数设置。计算得到的不同太阳-观测相对方位角下，不同太阳-风向相对方位角时大气顶的表观反射率、表观偏振反射率如图 5.8 和图 5.9 所示。从图中可以看出，在太阳-观测相对方位角为 90°到 180°之间时，大气顶的表观反射率、表观偏振反射率随风向有些变化；而在太阳-观测相对方位角小于 90°时，大气顶的表观反射率、表观偏振反射率受风向的影响很小，基本没有变化；特别是在太阳-观测相对方位角等于 180°时，大气顶的表观反射率、表观偏振反射率完全不受风向影响。

3. 色素含量的影响

为研究海水色素浓度对气溶胶参数反演精度的影响，当色素浓度分别为 0.01mg/m^3 和 1mg/m^3 时，使用 6SV 计算了离水辐亮度、大气顶的表观反射率和表观偏振反射率。计算条件为：在相同的大气条件和海表模型下，设定太阳天顶角

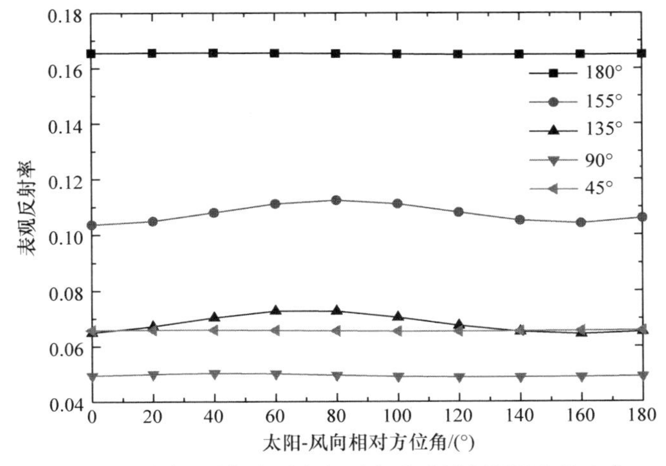

图 5.8　不同观测角度下大气顶表观反射率随风向的变化

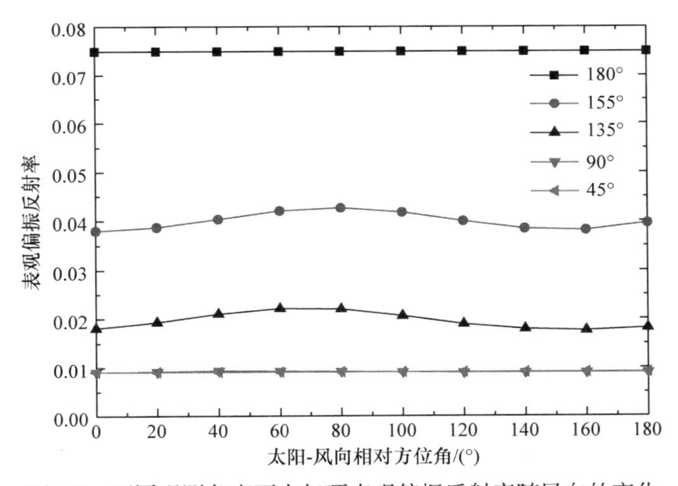

图 5.9　不同观测角度下大气顶表观偏振反射率随风向的变化

54.36°、方位角 120.43°。计算得到的离水辐亮度分别为 0.00033W/(m^2 · sr · μm)和 0.00144W/(m^2 · sr · μm)，计算得到的相对方位角为 0°(主平面上)时，不同观测天顶角上大气顶的表观反射率和表观偏振反射率如表 5.1 所示。从计算结果可以看出，虽然色素浓度分别为 0.01mg/m^3 和 1mg/m^3 时离水辐亮度变化很大，但是由于离水辐亮度绝对值很小，由其带来的大气顶表观反射率和表观偏振反射率变化很小，大气顶的表观反射率的相对误差均小于 2%，特别是大气顶的表观偏振反射率没有变化。所以，不同的色素浓度对气溶胶光学特性反演精度的影响较小。

表 5.1 不同观测条件下色素含量对大气顶的表观反射率、偏振反射率的影响

观测天顶角/(°)	表观反射率			表观偏振反射率	
	色素浓度 0.01mg/m³	色素浓度 1mg/m³	相对误差/%	色素浓度 0.01mg/m³	色素浓度 1mg/m³
0	0.0544	0.0553	1.6275	0.0081	0.0081
5	0.0549	0.0557	1.4363	0.009	0.009
10	0.0558	0.0566	1.4134	0.01	0.01
15	0.0578	0.0586	1.3652	0.0109	0.0109
20	0.0602	0.061	1.3115	0.0121	0.0121
25	0.0629	0.0637	1.2559	0.013	0.013
30	0.0671	0.0679	1.1782	0.0141	0.0141
35	0.0728	0.0736	1.0870	0.0152	0.0152
40	0.0799	0.0807	0.9913	0.0164	0.0164
45	0.089	0.0898	0.8909	0.0179	0.0179
50	0.1014	0.1022	0.7828	0.0196	0.0196
55	0.1174	0.1181	0.5927	0.0216	0.0216
60	0.139	0.1329	0.4535	0.0241	0.0241
65	0.1672	0.1679	0.4169	0.0275	0.0275
70	0.2025	0.2031	0.2954	0.0317	0.0317

5.1.3 几何条件的影响分析

根据大气矢量辐射传输理论，依然采用粗糙海表二向反射模型进行海洋-大气矢量辐射传输仿真，计算不同太阳天顶角、方位角和不同观测天顶角、方位角下大气顶的表观反射率和表观偏振反射率。

在仿真计算中，采用的粗糙海表二向反射模型的四个参数均参考沿海-大洋典型值，分别为海面风速 5m/s，风向方位角为 100°，海水盐度为 34.30%，海水黄色物质浓度为 0.01mg/m³；大气模式为中纬度冬季；气溶胶模型为海洋模型；能见度为 10km；波段带宽为 647～693nm。设定观测天顶角 0°、方位角 0°，大气顶的表观反射率、表观偏振反射率随太阳天顶角及太阳方位角的变化如图 5.10 和图 5.11 所示。从图中可以看出，大气顶表观反射率随太阳天顶角的增大而减小，大气顶表观偏振反射率随太阳天顶角的增大而增大，而它们与太阳方位角关系不大。

在相同的大气条件和海表模型下，设定太阳天顶角 54.36°、方位角 120.43°，大气反射率、大气偏振反射率和大气顶的表观反射率、表观偏振反射率随观测天

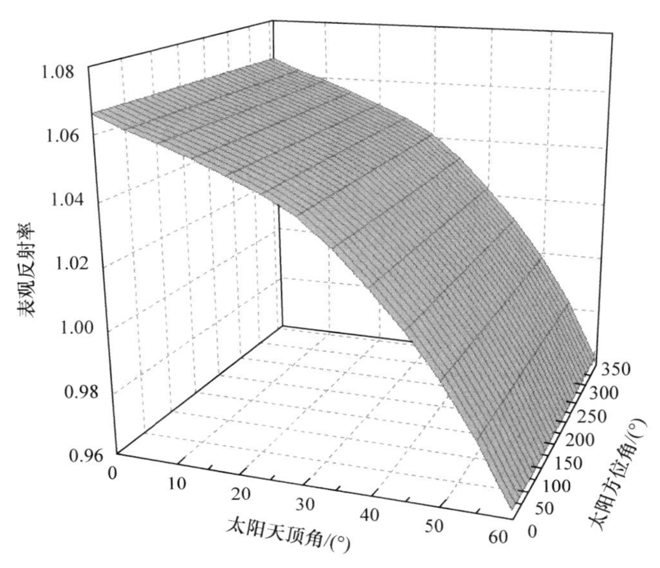

图 5.10　大气顶表观反射率随太阳天顶角、太阳方位角的变化

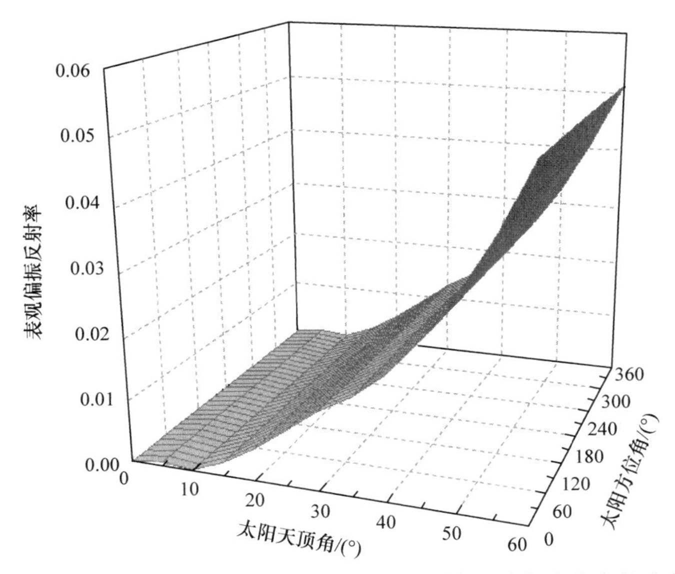

图 5.11　大气顶表观偏振反射率随太阳天顶角、太阳方位角的变化

顶角、观测方位角的变化如图 5.12～图 5.15 所示。从图中可以看出，无论是大气反射率、大气偏振反射率，还是海表模型和大气耦合后大气顶的表观反射率、表观偏振反射率，都随观测方向变化明显。在镜面反射方向附近，相对大气反射率和大气偏振反射率，大气顶的表观反射率、表观偏振反射率增大更加显著，大气顶的表观偏振反射率的最大增幅接近 10 倍,此时大气偏振反射率和表观偏振反射

率分别为 0.035、0.348。而在非镜面反射方向，大气反射率、大气偏振反射率和大气顶的表观反射率、表观偏振反射率差别不大，如大气反射率和大气顶表观反射率分别为 0.0798、0.0891，大气偏振反射率和大气顶表观偏振反射率分别为 0.0123、0.0124。这说明观测方向对偏振探测影响很大，对海洋偏振探测，要特别注意镜面反射的影响及其应用。

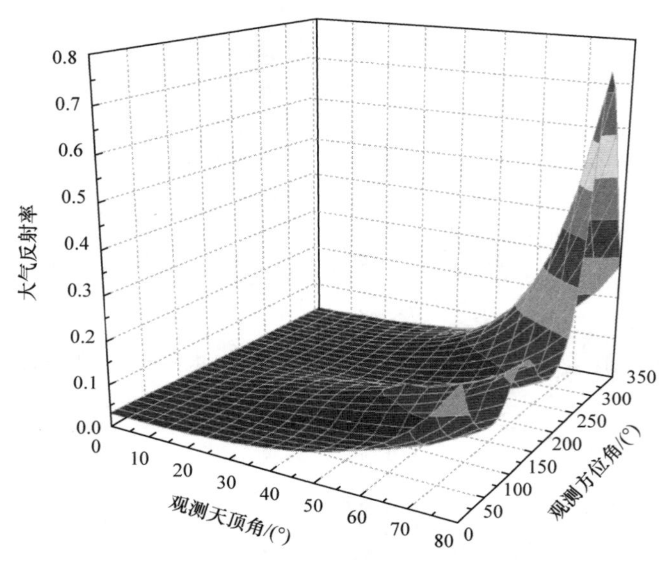

图 5.12　大气反射率随观测天顶角、观测方位角的变化

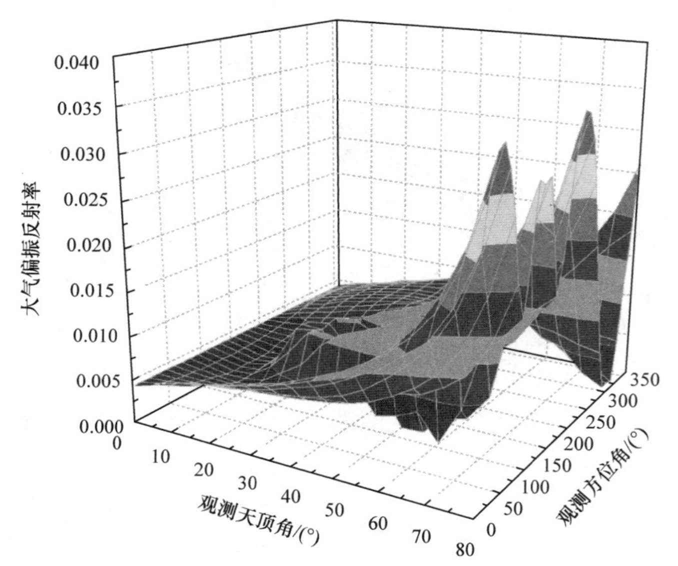

图 5.13　大气偏振反射率随观测天顶角、观测方位角的变化

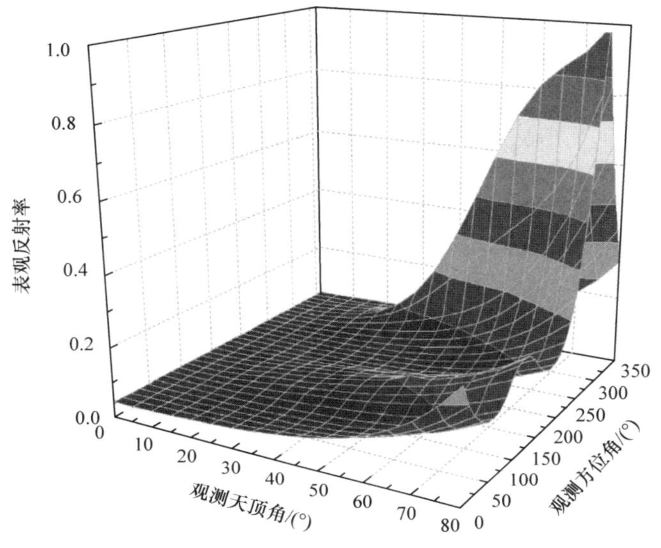

图 5.14　大气顶表观反射率随观测天顶角、观测方位角的变化

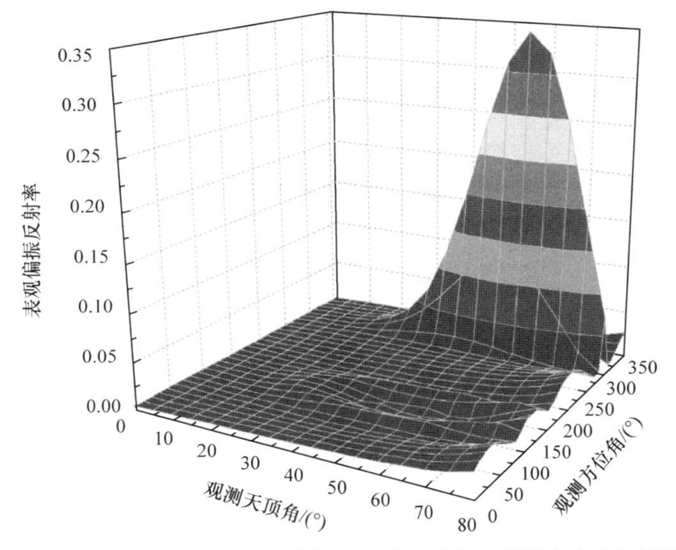

图 5.15　大气顶表观偏振反射率随观测天顶角、观测方位角的变化

5.2　光学遥感偏振成像仿真方法

5.2.1　经典偏振成像仿真方法

全偏振探测仿真就是通过研究目标背景、传输环境、成像探测三者之间的辐

射能量传递过程，模拟太阳光线从大气—目标/背景—大气—传感器系统一系列复杂的传输过程。

为描述目标背景偏振特性，用二向反射矩阵 $\boldsymbol{R}$ 描述地表反射的本质属性，二向反射矩阵提供了入射的辐射量与散射的 Stokes 参数之间的关系[63]如下：

$$\boldsymbol{I}=\frac{1}{\pi}\boldsymbol{R}(\lambda,\theta_{\mathrm{v}},\theta_0,\phi)\boldsymbol{I}_0(\lambda)\cos\theta_0 \tag{5.1}$$

式中，$\boldsymbol{I}=[I,Q,U,V]^{\mathrm{T}}$ 是散射后的 Stokes 参数，$\boldsymbol{I}_0=[I_0,Q_0,U_0,V_0]^{\mathrm{T}}$ 是总的入射辐照度，λ 是波长，ϕ 相对方位角，$\phi=\varphi_{\mathrm{s}}-\varphi_{\mathrm{v}}$，矩阵 $\boldsymbol{R}$ 中的元素 R_{11} 代表了总的反射率(常用 R_{I} 表示)，R_{21} 和 R_{31} 代表了偏振反射率(R_{p})。

反射率 R_{I} 已发展了很多成熟的理论模型，如 RPV(Rahman-Pinty-Verstrate)地表反射率模型和核驱动模型，其中 RPV 地表反射率模型 R_{I} 的计算公式如下[239]：

$$R_{\mathrm{I}}(\lambda,\theta_{\mathrm{v}},\theta_{\mathrm{s}},\phi)=\frac{(\cos\theta_{\mathrm{s}}\cos\theta_{\mathrm{v}})^{k-1}}{(\cos\theta_{\mathrm{s}}+\cos\theta_{\mathrm{v}})^{1-k}}\rho_0(\lambda)F(\gamma)\times(1+R(G)) \tag{5.2}$$

$$1+R(G)=1+\frac{1-\rho_0}{1+G}$$

$$G=\sqrt{\tan^2\theta_{\mathrm{s}}+\tan^2\theta_{\mathrm{v}}-2\tan^2\theta_{\mathrm{s}}\tan|\theta_{\mathrm{v}}|\cos\varphi}$$

式中，ρ_0、g 和 k 为模型的参数；γ 为散射角；$F(\gamma)$ 为 Henyey-Greenstein 相函数，$F(\gamma)=\dfrac{1-g^2}{(1+g^2-2g\cos\gamma)^{1.5}}$；$(1+R(G))$ 用来模拟热点效应。

核驱动模型是三个核驱动函数 f_{iso}、f_{vol}、f_{geom} 的线性组合，分别代表各向同性散射、几何光学散射和体散射。

$$R_{\mathrm{I}}(\lambda,\theta_{\mathrm{v}},\theta_{\mathrm{s}},\varphi)=f_{\mathrm{iso}}(\lambda)+k_1(\lambda)f_{\mathrm{geom}}(\theta_{\mathrm{v}},\theta_{\mathrm{s}},\varphi)+k_2(\lambda)f_{\mathrm{vol}}(\theta_{\mathrm{v}},\theta_{\mathrm{s}},\varphi) \tag{5.3}$$

Ross-Roujean 和 Ross-Li 模型的区别在于几何光学散射核的不同，Ross-Roujean 模型几何光学散射核驱动函数为

$$\begin{aligned}f_{\mathrm{geom}}^{\mathrm{Rouj}}(\theta_{\mathrm{v}},\theta_{\mathrm{s}},\phi)=&\frac{1}{2\pi}[(\pi-\phi')\cos\phi'+\sin\phi']\tan\theta_{\mathrm{s}}\tan|\theta_{\mathrm{v}}|\\&-\frac{1}{\pi}(\tan\theta_{\mathrm{s}}+\tan|\theta_{\mathrm{v}}|+G)\end{aligned} \tag{5.4}$$

其中，$\phi'=|\varphi_{\mathrm{v}}-\varphi_{\mathrm{s}}|$。

Ross-Li 中有两个常用的几何光学散射核驱动函数：

$$f_{\mathrm{geom}}^{\mathrm{LiSp}}(\theta_{\mathrm{v}},\theta_{\mathrm{s}},\phi)=O(\theta_{\mathrm{v}},\theta_{\mathrm{s}},\phi)-\sec\theta_{\mathrm{v}}'-\sec\theta_{\mathrm{s}}'+\frac{1}{2}(1-\cos\sec\theta')\sec\theta_{\mathrm{v}}'\sec\theta_{\mathrm{s}}' \tag{5.5}$$

$$f_{\mathrm{geom}}^{\mathrm{LiSp}}(\theta_{\mathrm{v}},\theta_{\mathrm{s}},\phi)=\frac{(1-\cos\sec\theta')\sec\theta'_{\mathrm{v}}\sec\theta'_{\mathrm{s}}}{\sec\theta'_{\mathrm{v}}+\sec\theta'_{\mathrm{s}}-O(\theta_{\mathrm{v}},\theta_{\mathrm{s}},\phi)} \tag{5.6}$$

其中

$$O=\frac{1}{\pi}(t-\sin/\cos t)(\sec\theta'_{\mathrm{v}}+\sec\theta'_{\mathrm{s}})$$

$$\cos t=\frac{h}{b}\frac{\sqrt{D^2+(\tan^2\theta'_{\mathrm{s}}\tan^2\theta'_{\mathrm{v}}\sin\phi)^2}}{\sec\theta'_{\mathrm{v}}+\sec\theta'_{\mathrm{s}}}$$

$$D=\sqrt{\tan^2\theta'_{\mathrm{s}}+\tan^2\theta'_{\mathrm{v}}-2\tan\theta'_{\mathrm{s}}\tan\theta'_{\mathrm{v}}\cos\phi}$$

$$\cos\theta'=-\cos\theta'_{\mathrm{s}}\cos\theta'_{\mathrm{v}}-\sin\theta'_{\mathrm{s}}\sin\theta'_{\mathrm{v}}\cos\phi$$

$$\theta'_{\mathrm{v}}=\arctan\left(\frac{b}{r}\tan|\theta_{\mathrm{v}}|\right)$$

$$\theta'_{\mathrm{v}}=\arctan\left(\frac{b}{r}\tan|\theta_0|\right)$$

其中，$\frac{h}{b}$ 和 $\frac{b}{r}$ 是两个线性参数，常设为定值。

偏振反射率 R_{p} 可以使用偏振二向反射特性模型，如 Rondeaux-Herman 的植被模型、Priest-Germer 模型、Breon 物理模型、Nadal-Breon 半经验模型、Maignan-Breon 半经验模型等；也可以通过使用光谱仪进行实际测量获得偏振二向反射率数据。偏振反射率 R_{p} 与 R_{21}、R_{31} 有如下关系：

$$\begin{cases}R_{21}=-R_{\mathrm{p}}\cos2\eta_{\mathrm{v}}\\R_{31}=-R_{\mathrm{p}}\sin2\eta_{\mathrm{v}}\end{cases} \tag{5.7}$$

$$\cos\eta_{\mathrm{v}}=\frac{\cos\theta_{\mathrm{s}}+\cos\theta_{\mathrm{v}}\cos\gamma}{\sin\theta_{\mathrm{v}}\sin\gamma}$$

$$\sin\eta_{\mathrm{v}}=\frac{\sin\theta_{\mathrm{s}}\sin\phi}{\sin\gamma}$$

$$\cos\gamma=-\cos\theta_{\mathrm{v}}\cos\theta_{\mathrm{s}}-\cos\theta_{\mathrm{v}}\cos\theta_{\mathrm{s}}\cos\phi$$

式中，θ_{s} 和 θ_{v} 分别为太阳天顶角和观测天顶角；ϕ 为相对方位角；γ 为散射角。

将式(5.2)和式(5.7)代入式(5.1)，即可解出经过目标背景散射后的 Stokes 参数 $\boldsymbol{I}=[I,Q,U,V]$，完成目标背景的偏振特性仿真。

由经典矢量大气辐射传输模型进行大气环境的仿真计算，通过考虑目标/背景和大气的耦合效应，能够实现目标反射光、背景环境反射光、大气散射光以及目标/背景与大气之间的多次散射光的模拟仿真，得到偏振探测器入瞳偏振辐射量。

则到达探测器入瞳处的地气信息可以用矢量方程表示如下：

$$\boldsymbol{I}_{\lambda}^{\text{app}}(\theta_{\text{s}},\theta_{\text{v}};\phi)=\boldsymbol{I}_{\lambda}^{\text{Atm}}(\theta_{\text{s}},\theta_{\text{v}};\phi)+\frac{\boldsymbol{I}_{\lambda}^{\text{Suf}}(\theta_{\text{s}},\theta_{\text{v}};\phi)}{1-\boldsymbol{I}_{\lambda}^{\text{Suf}}(\theta_{\text{s}},\theta_{\text{v}};\phi)\cdot S}T_{\lambda}(\theta_{\text{s}})T_{\lambda}(\theta_{\text{v}}) \tag{5.8}$$

其中，$\boldsymbol{I}$ 是矩阵，与 Stokes 参量的关系如下：

$$\boldsymbol{I}=\begin{pmatrix}\pi I/\mu_{\text{s}}E\\ \pi Q/\mu_{\text{s}}E\\ \pi U/\mu_{\text{s}}E\\ \pi V/\mu_{\text{s}}E\end{pmatrix} \tag{5.9}$$

式中，θ_{s} 为太阳天顶角，θ_{v} 为观测天顶角，ϕ 为相对方位角；$\boldsymbol{I}_{\lambda}^{\text{app}}(\theta_{\text{s}},\theta_{\text{v}};\phi)$ 为传感器入瞳处的归一化后的 Stokes 矢量；$\boldsymbol{I}_{\lambda}^{\text{Atm}}(\theta_{\text{s}},\theta_{\text{v}};\phi)$ 为大气分子和气溶胶散射产生的归一化后的 Stokes 矢量；$\boldsymbol{I}_{\lambda}^{\text{Suf}}(\theta_{\text{s}},\theta_{\text{v}};\phi)$ 为目标背景产生的归一化后的 Stokes 矢量；$T(\theta_{\text{s}})$ 为入射方向(太阳—目标路径)总的散射透过率，$T(\theta_{\text{v}})$ 为观测方向(目标—观测点路径)总的散射透过率；S 为大气半球反射率。

$$T_{\lambda}(\theta_{\text{s}})=\text{e}^{-\tau/\mu_{\text{s}}}+t_{\text{d}}(\mu_{\text{s}}) \tag{5.10}$$

$$T_{\lambda}(\theta_{\text{v}})=\text{e}^{-\tau/\mu_{\text{v}}}+t_{\text{d}}(\mu_{\text{v}}) \tag{5.11}$$

式中，μ_{s} 为太阳天顶角的余弦，μ_{v} 为观测天顶角的余弦；$\text{e}^{-\tau/\mu_{\text{s}}}$ 、$\text{e}^{-\tau/\mu_{\text{v}}}$ 分别为入射方向上、观测方向上的直射透过率；$t_{\text{d}}(\mu_{\text{s}})$ 、$t_{\text{d}}(\mu_{\text{v}})$ 分别为入射方向上、观测方向上的散射透过率。散射透过率主要来自大气分子和气溶胶的散射，也包括地表与大气的多次散射，由于大气分子散射计算公式是确定的，所以散射透过率的大小主要取决于气溶胶模型。

综上所述，式(5.8)中目标背景产生的归一化后的 Stokes 矢量 $\boldsymbol{I}_{\lambda}^{\text{Suf}}(\theta_{\text{s}},\theta_{\text{v}};\phi)$ 即为式(5.1)的计算结果；其余三项如 $T(\theta_{\text{s}})$ 、$T_{\lambda}(\theta_{\text{v}})$ 和 $\boldsymbol{I}_{\lambda}^{\text{Atm}}(\theta_{\text{s}},\theta_{\text{v}};\phi)$ 都与大气散射有关，都可以利用大气矢量辐射传输方程来精确计算。

传感器仿真由入瞳处的 Stokes 矢量，根据传感器定标矩阵、响应函数、透过率等，仿真传感器直接输出量。首先，通过偏振探测器的定标矩阵，将入瞳处的 Stokes 矢量转化为偏振探测器输出的强度值，转换公式如下：

$$\boldsymbol{I}_{\lambda,\text{DN}}=\boldsymbol{F}^{-1}\cdot\boldsymbol{I}_{\lambda}^{\text{app}} \tag{5.12}$$

式中，$\boldsymbol{I}_{\lambda}^{\text{app}}$ 为入瞳处的归一化 Stokes 矢量，$\boldsymbol{F}$ 为偏振探测器的定标矩阵，$\boldsymbol{I}_{\lambda,\text{DN}}$ 为偏振探测器输出的强度值，对经典偏振探测器，其输出的四个观测方向上的强度值如下：

$$\begin{cases} I(0°)=1/2(I+Q) \\ I(45°)=1/2(I+U) \\ I(90°)=1/2(I-Q) \\ I(135°)=1/2(I-V) \end{cases} \tag{5.13}$$

再根据偏振探测器的响应函数和滤光片/偏振片的透过率等参数，将偏振探测器输出的强度值转化为 $\boldsymbol{I}_{l,\mathrm{DN}}^{\mathrm{de}}$ 探测器直接输出量，即

$$\boldsymbol{I}_{\lambda,\mathrm{DN}}^{\mathrm{de}} = M \cdot \boldsymbol{I}_{\lambda,\mathrm{DN}} \tag{5.14}$$

式中，M 为探测器响应函数、滤光片/偏振片的透过率等参数共同的作用函数，$\boldsymbol{I}_{\lambda,\mathrm{DN}}^{\mathrm{de}}$ 为偏振探测器直接输出的 DN 值。至此完成了全偏振成像探测全链路仿真。

5.2.2　基于 Mueller 矩阵的偏振成像仿真方法

基于 Mueller 矩阵的全偏振探测仿真也是通过研究目标背景、传输环境、成像探测三者之间的辐射能量传递过程，模拟太阳光线从大气—目标/背景—大气—传感器系统一系列复杂的传输过程。与经典的偏振仿真相比，其不同在于目标背景、传输环境、成像探测三者使用的模型不同，对目标背景、传输环境仿真都是用 Mueller 矩阵来实现。目标背景偏振特性仿真使用 Priest-Germer 模型[64]，利用偏振双向反射分布函数表示目标的偏振二向反射特性如下：

$$\boldsymbol{F}_{\mathrm{r}}(\theta_{\mathrm{i}},\phi_{\mathrm{i}};\theta_{\mathrm{r}},\phi_{\mathrm{r}};\lambda) = \frac{\mathrm{d}\boldsymbol{L}(\theta_{\mathrm{i}},\phi_{\mathrm{i}};\theta_{\mathrm{r}},\phi_{\mathrm{r}};\lambda)}{\mathrm{d}\boldsymbol{E}(\theta_{\mathrm{i}},\theta_{\mathrm{r}};\lambda)} \tag{5.15}$$

式中，$\mathrm{d}\boldsymbol{L}(\theta_{\mathrm{r}},\phi_{\mathrm{r}})$ 为目标在某一方向上的反射辐亮度，$\mathrm{d}\boldsymbol{E}(\theta_{\mathrm{r}},\phi)$ 为入射辐照度，$\boldsymbol{F}_{\mathrm{r}}(\theta_{\mathrm{i}},\phi_{\mathrm{i}};\theta_{\mathrm{r}},\phi_{\mathrm{r}};\lambda)$ 为偏振双向反射分布函数，其可以用 4×4 矩阵表示。

$$\boldsymbol{F}_{\mathrm{r}} = \begin{pmatrix} f_{00} & f_{10} & f_{20} & f_{30} \\ f_{01} & f_{11} & f_{21} & f_{31} \\ f_{02} & f_{12} & f_{22} & f_{32} \\ f_{03} & f_{13} & f_{23} & f_{33} \end{pmatrix} \tag{5.16}$$

用 Mueller 矩阵 $\boldsymbol{M}$ 来表示入射辐射到反射辐射的传输关系，根据物质界面的入射 Stokes 矢量 $\boldsymbol{I}$，得到反射的 Stokes 矢量 $\boldsymbol{I}_0$：

$$\begin{pmatrix} I \\ Q \\ U \\ V \end{pmatrix} = \begin{pmatrix} M_{00} & M_{10} & M_{20} & M_{30} \\ M_{01} & M_{11} & M_{21} & M_{31} \\ M_{02} & M_{12} & M_{22} & M_{32} \\ M_{03} & M_{13} & M_{23} & M_{33} \end{pmatrix} \begin{pmatrix} I_0 \\ Q_0 \\ U_0 \\ V_0 \end{pmatrix} \tag{5.17}$$

式中，Mueller 矩阵 $\boldsymbol{M}$ 与矩阵 $\boldsymbol{F}_{\mathrm{r}}$ 的关系如下：

$$\boldsymbol{M}=\begin{pmatrix} \int f_{00}\cos\theta_{\mathrm{r}}\mathrm{d}\Omega_{\mathrm{r}} & \int f_{01}\cos\theta_{\mathrm{r}}\mathrm{d}\Omega_{\mathrm{r}} & \int f_{02}\cos\theta_{\mathrm{r}}\mathrm{d}\Omega_{\mathrm{r}} & \int f_{03}\cos\theta_{\mathrm{r}}\mathrm{d}\Omega_{\mathrm{r}} \\ \int f_{10}\cos\theta_{\mathrm{r}}\mathrm{d}\Omega_{\mathrm{r}} & \int f_{11}\cos\theta_{\mathrm{r}}\mathrm{d}\Omega_{\mathrm{r}} & \int f_{12}\cos\theta_{\mathrm{r}}\mathrm{d}\Omega_{\mathrm{r}} & \int f_{13}\cos\theta_{\mathrm{r}}\mathrm{d}\Omega_{\mathrm{r}} \\ \int f_{20}\cos\theta_{\mathrm{r}}\mathrm{d}\Omega_{\mathrm{r}} & \int f_{21}\cos\theta_{\mathrm{r}}\mathrm{d}\Omega_{\mathrm{r}} & \int f_{22}\cos\theta_{\mathrm{r}}\mathrm{d}\Omega_{\mathrm{r}} & \int f_{23}\cos\theta_{\mathrm{r}}\mathrm{d}\Omega_{\mathrm{r}} \\ \int f_{30}\cos\theta_{\mathrm{r}}\mathrm{d}\Omega_{\mathrm{r}} & \int f_{31}\cos\theta_{\mathrm{r}}\mathrm{d}\Omega_{\mathrm{r}} & \int f_{32}\cos\theta_{\mathrm{r}}\mathrm{d}\Omega_{\mathrm{r}} & \int f_{33}\cos\theta_{\mathrm{r}}\mathrm{d}\Omega_{\mathrm{r}} \end{pmatrix} \tag{5.18}$$

大气环境仿真使用蒙特卡罗模型计算一定大气环境下的大气介质的 Mueller 矩阵 $\boldsymbol{M}_{\mathrm{a}}$，到达探测器入瞳处的 Stokes 矢量可以表示为

$$\begin{pmatrix} I \\ Q \\ U \\ V \end{pmatrix}=\boldsymbol{M}_{\mathrm{a}}\boldsymbol{M}_{\mathrm{s}}\begin{pmatrix} I_0 \\ Q_0 \\ U_0 \\ V_0 \end{pmatrix} \tag{5.19}$$

式中，$\boldsymbol{M}_{\mathrm{a}}$ 为大气介质的 Mueller 矩阵，Mueller 矩阵 $\boldsymbol{M}_{\mathrm{s}}$ 为目标背景的 Mueller 矩阵，I 为反射的 Stokes 矢量参数，I_0 为入射的 Stokes 矢量参数。

5.3　光学遥感偏振成像仿真软件设计与实现

根据偏振探测全过程仿真模型研究成果，基于目标背景偏振信息数据库、大气偏振辐射传输模型、偏振探测器仿真模型，通过对模型进行联合、集成及优化，完成构建光学遥感偏振成像全链路仿真模型构建，研发光学遥感偏振成像全链路仿真软件，其处理流程如图 5.16 所示。

首先，读入目标、背景的偏振二向反射特性和目标、背景的场景信息，形成零视距目标背景偏振仿真图像。然后，根据大气特性信息，太阳、观测几何条件，利用矢量大气辐射传输模型，模拟计算不同大气传输条件下的大气偏振参数，在其基础上，考虑目标背景的反射光和大气之间的耦合，仿真探测器入瞳处偏振仿真图像。最后，根据偏振探测器的仿真模型，由入瞳处偏振仿真图像，仿真偏振探测器输出图像，完成全偏振成像探测数值仿真。

光学遥感偏振成像全链路仿真软件包括目标背景偏振特性仿真、入瞳处偏振探测仿真和偏振探测器输出仿真三个仿真模块，其软件组成图如图 5.17 所示。

目标背景偏振特性仿真模块根据目标、背景的偏振二向反射特性，利用目标、背景的场景信息，形成不同观测方向上的零视距目标背景偏振仿真图像。

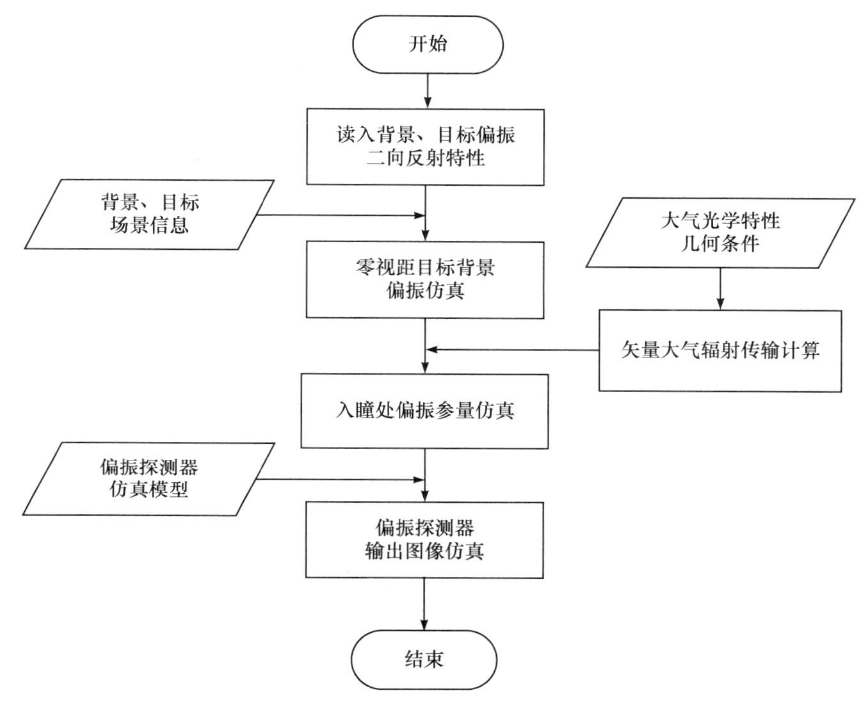

图 5.16　偏振探测全过程仿真软件处理流程图

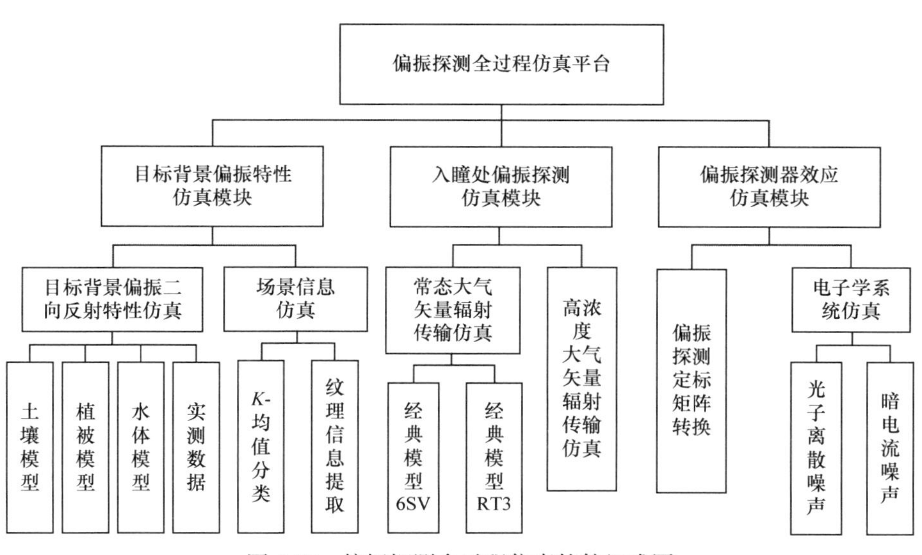

图 5.17　偏振探测全过程仿真软件组成图

入瞳处偏振探测仿真模块通过仿真计算常态大气、高浓度大气等不同传输环境下的大气偏振参数，并考虑目标背景的反射光和大气之间的耦合，仿真探测器入瞳处偏振仿真图像。

偏振探测器输出仿真模块根据偏振探测器的仿真模型和入瞳处偏振仿真图像，仿真偏振探测器输出图像。

我们根据光学遥感偏振成像全链路仿真软件处理流程和软件组成，设计了光学遥感偏振成像全链路仿真软件框架，开发了光学遥感偏振成像全链路仿真软件，其主要的人机交互界面如图 5.18～图 5.24 所示。图 5.18 为主界面。图 5.19、图 5.20 为地物偏振特性仿真模块，用来模拟计算或从数据库中读取目标背景的二向反射矩阵。图 5.21 为 *K*-均值分类人机交互界面，用于对图像分类，以对不同类型的地

图 5.18　全偏振探测数字仿真软件主界面

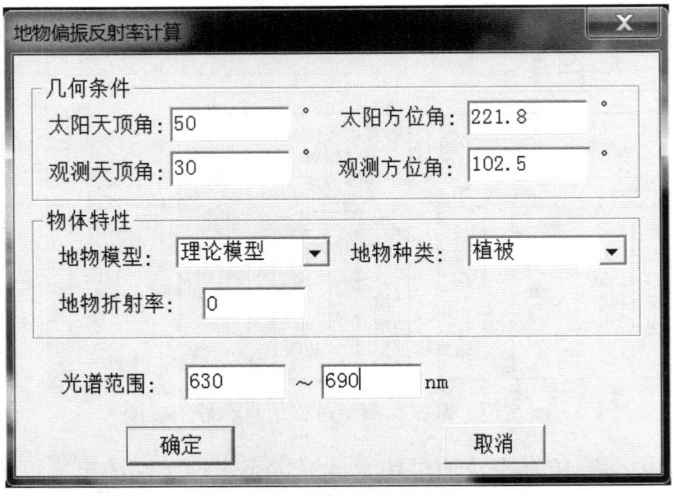

地物偏振反射率计算

几何条件

太阳天顶角: 50 °　太阳方位角: 221.8 °

观测天顶角: 30 °　观测方位角: 102.5 °

物体特性

地物模型: 理论模型　地物种类: 植被

地物折射率: 0

光谱范围: 630 ～ 690 nm

确定　取消

图 5.19　地物偏振特性仿真界面(1)

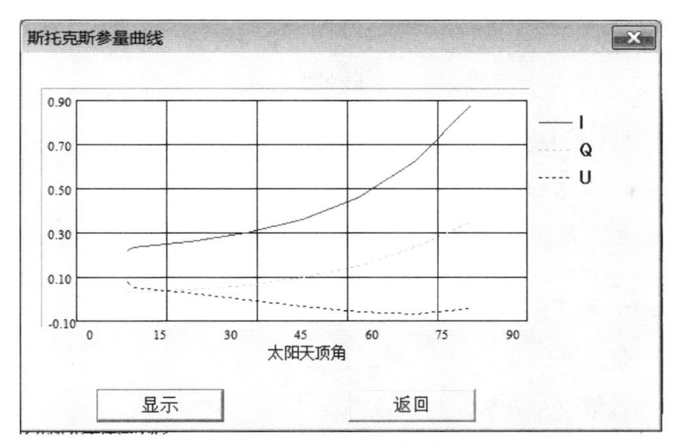

图 5.20　地物偏振特性仿真界面(2)

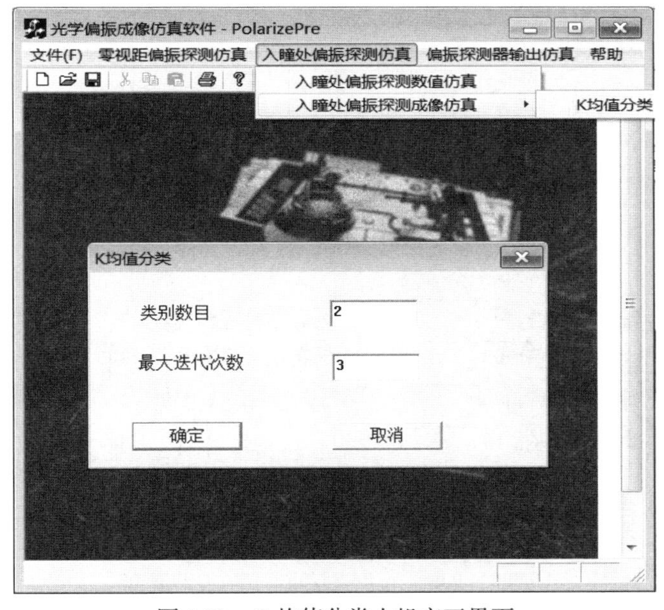

图 5.21　*K*-均值分类人机交互界面

物输入对应的地物偏振二向反射特性。图 5.22、图 5.23 为入瞳处 Stokes 矢量计算人机交互界面和热红外波段偏振成像仿真模块人机交互界面。

首先，通过对分类后的地物偏振二向反射特性图像，添加提取的图像纹理信息，获得零视距偏振探测仿真图像；再根据矢量辐射传输模型计算不同环境下的大气参数，由式(5.8)计算入瞳处的 Stokes 矢量，得到入瞳处偏振探测仿真图像。图 5.24 为偏振探测器仿真人机交互界面，该部分由入瞳处偏振探测仿真图像和偏振探测器的定标矩阵及参数，最终获得偏振探测器的真实输出图像。

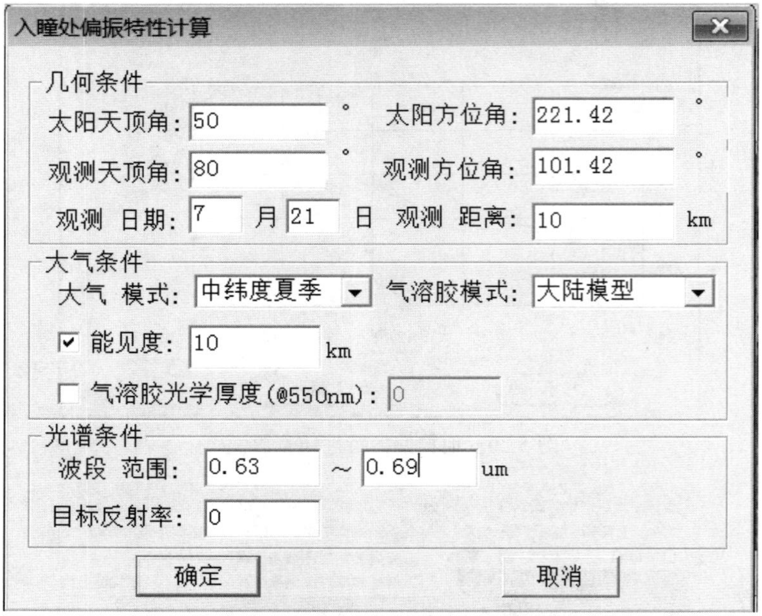

入瞳处偏振特性计算

几何条件

太阳天顶角: 50 °　太阳方位角: 221.42 °

观测天顶角: 80 °　观测方位角: 101.42 °

观测 日期: 7 月 21 日　观测 距离: 10 km

大气条件

大气 模式: 中纬度夏季　气溶胶模式: 大陆模型

☑ 能见度: 10 km

☐ 气溶胶光学厚度(@550nm): 0

光谱条件

波段 范围: 0.63 ～ 0.69 um

目标反射率: 0

确定　取消

图 5.22　入瞳处 Stokes 矢量计算人机交互界面

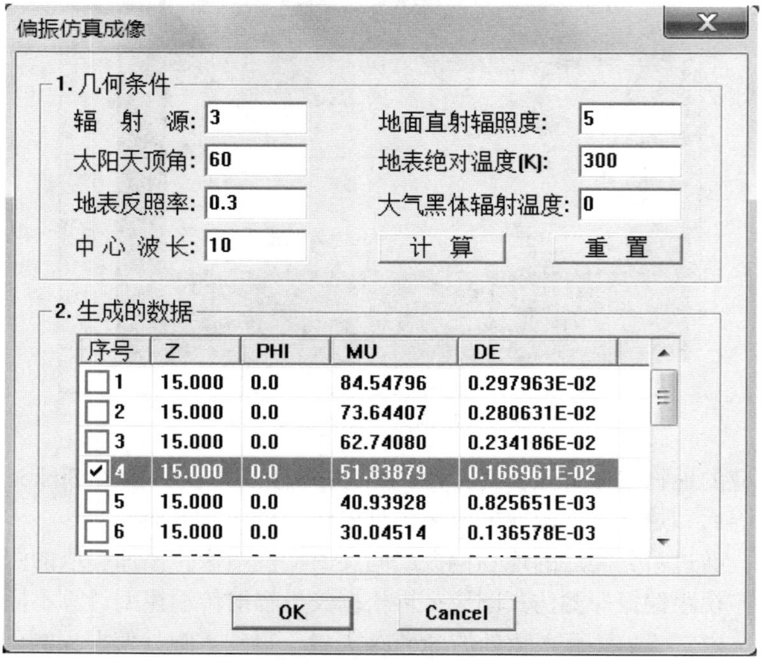

偏振仿真成像

1. 几何条件

辐 射 源: 3　地面直射辐照度: 5

太阳天顶角: 60　地表绝对温度(K): 300

地表反照率: 0.3　大气黑体辐射温度: 0

中 心 波 长: 10　计 算　重 置

2. 生成的数据

序号	Z	PHI	MU	DE
☐1	15.000	0.0	84.54796	0.297963E-02
☐2	15.000	0.0	73.64407	0.280631E-02
☐3	15.000	0.0	62.74080	0.234186E-02
☑4	15.000	0.0	51.83879	0.166961E-02
☐5	15.000	0.0	40.93928	0.825651E-03
☐6	15.000	0.0	30.04514	0.136578E-03

OK　Cancel

图 5.23　热红外波段偏振成像仿真模块人机交互界面

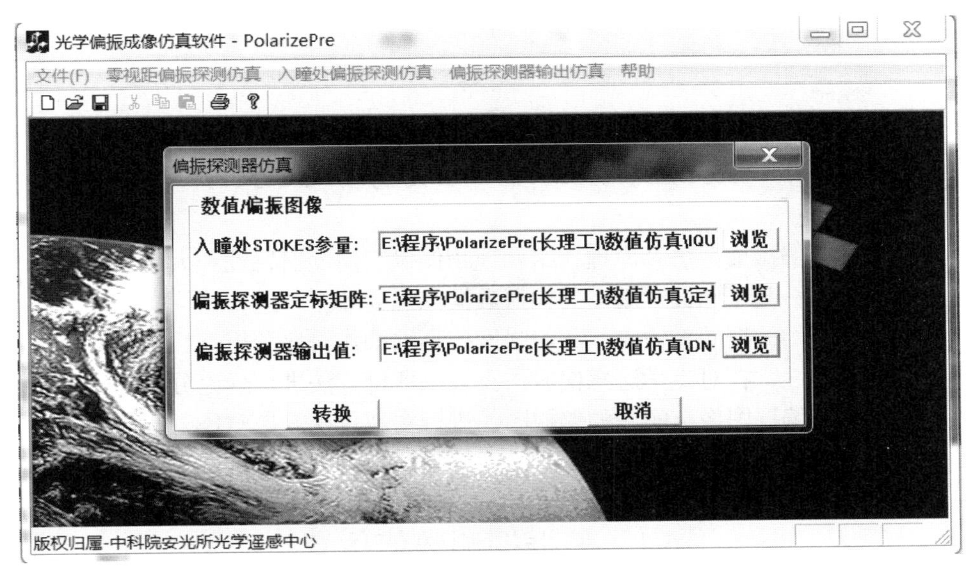

图 5.24　偏振探测器仿真人机交互界面

5.4　小　　结

本章分析了大气模式、气溶胶模型、地物 BPDF 模型对偏振成像仿真结果的影响。结果表明：几何条件对偏振成像仿真结果影响最大，表观偏振反射率与观测天顶角、观测方位角均关系密切；大气模式的不同对偏振成像仿真结果影响不大，而气溶胶模型的选择对偏振成像仿真结果有一定影响；粗糙海表二向反射模型主要受风速影响，风向和色素含量的影响可以忽略不计。

本章基于对地物二向反射特性、大气特性和几何条件对偏振仿真的影响分析，研究了目标背景、传输环境、成像探测三者之间的辐射能量传递过程，阐述了光学遥感偏振成像仿真技术原理，给出了两种光学偏振成像仿真方法。在此基础上，进行了光学遥感偏振成像仿真软件设计及实现。

第 6 章　全链路偏振探测成像仿真及结果分析

本章根据偏振成像仿真原理，结合地物偏振二向反射特性和大气矢量辐射传输特性的研究，基于地面、航空的偏振数据和强度数据，进行不同大气条件和不同几何条件下的偏振成像仿真，并与强度仿真结果作对比分析。并且为了验证仿真结果的有效性，在对光学遥感偏振仿真效果评价方法进行理论分析的基础上，通过对仿真的偏振图像与实测的偏振图像进行主观目视效果对比，并计算二者的客观评价参数，从定性和定量两个方面来检验仿真效果的有效性。

6.1　偏振探测数值仿真

6.1.1　偏振探测数值仿真过程

偏振探测数值仿真基于目标背景偏振特性理论模型、经典大气辐射传输理论模型和偏振探测器定标矩阵，使用 5.2.1 节中经典偏振仿真方法，不考虑图像纹理信息，仿真偏振探测器直接输出的灰度值。

1. 目标背景偏振特性仿真过程

目标背景偏振二向反射特性的获取，可以使用偏振二向反射特性模型，如 Rondeaux-Herman 的植被模型、Priest-Germer 模型、Breon 物理模型、Nadal-Breon 半经验模型、Maignan-Breon 半经验模型等；也可以通过使用光谱仪进行实际测量获得偏振二向反射率数据。

基于上述经典目标背景模型，模拟计算了植被、土壤两种地物的二向反射矩阵，使用的反射率模型为核驱动模型，偏振反射率模型为 Nadal-Breon 半经验模型。计算时，设定观测天顶角 80°，相对方位角 120°，波段范围为 630～690nm，模拟计算不同太阳天顶角上的二向反射矩阵参数 R_{11}、R_{21} 和 R_{31}，如图 6.1 和图 6.2 所示。

2. 大气辐射特性仿真过程

由于矢量大气辐射传输方程的复杂性，很难给出解析解，往往使用不同方法计算一定边界条件下的数值解。辐射传输方程的数值解法归结起来主要有以下几

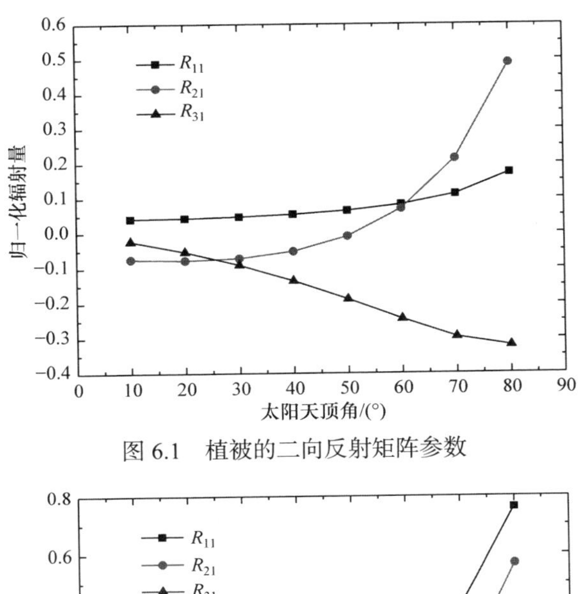

图 6.1　植被的二向反射矩阵参数

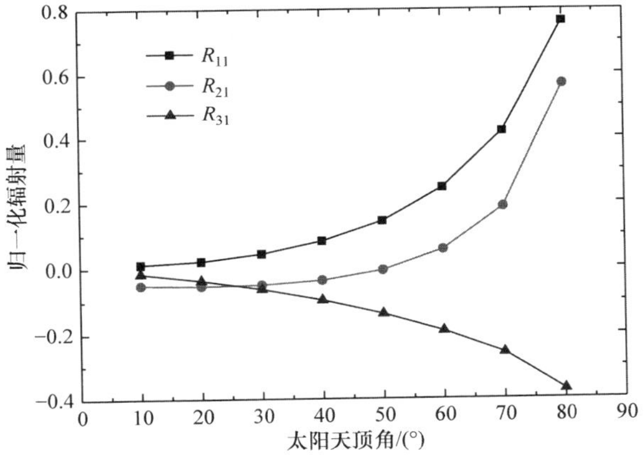

图 6.2　土壤的二向反射矩阵参数

种：离散纵标法、倍加累加法、逐次散射法、蒙特卡罗模拟等。通过大量的调研，我们筛选了两种经典矢量大气辐射传输方程，一个是逐次散射法矢量大气辐射传输模型 6SV；另一个是倍加累加法矢量大气辐射传输模型 RT3。

利用RT3软件包，仿真计算了不同方位角和天顶角的以Stokes参数(I, Q, U, V)表示的上行辐亮度。具体参数设置为：太阳辐射和热辐射同时考虑，太阳天顶角为 40°，地表模型为朗伯体，地表温度为 300K，波长为 550nm；将大气分为两层，第一层主要是气溶胶散射，第二层主要是分子散射，分子散射和气溶胶散射的散射相函数由米散射理论计算得到。图 6.3 为 Stokes 参数 I 在不同相对方位角下随观测天顶角的变化，从图中可以看出，在不同相对方位角下，Stokes 参数 I 均随着观测天顶角的增大逐渐变小。图 6.4 为 Stokes 参数 Q 在不同相对方位角下随观测天顶角的变化，从图中可以看出，Stokes 参数 Q 不但随观测天顶角的变化而变化，在不同方位角上变化趋势也不同。图 6.5 为 Stokes 参数 U 在不同相对方位角下随观测天顶角的变化，从图中可以看出，Stokes 参数 U 在主平面上(相对方位角 0°和 180°)随观测天顶角的变化不大，而在非主平面上随观测天顶角的变化而变化，变化趋势在每个方位角上又有所不同。图 6.6 为 Stokes 参数 V 在不同相对方位角下随观测天顶角的变化，从图中可以看出，Stokes 参数 V 也是与观测天顶角和相对方位角都有关系，但是 Stokes 参数 V 的值比较小。

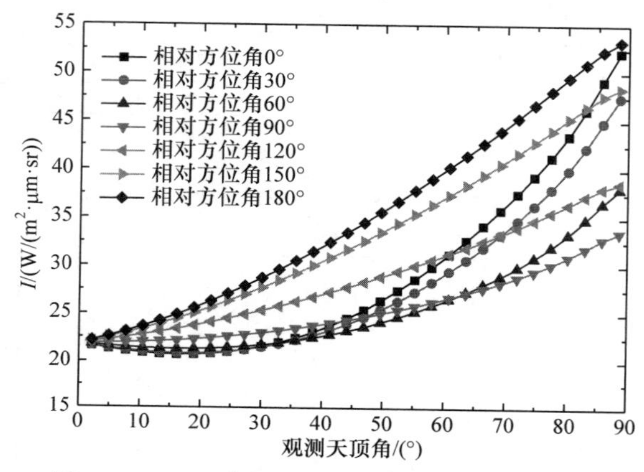

图 6.3　Stokes 参数 I 随观测天顶角的变化关系

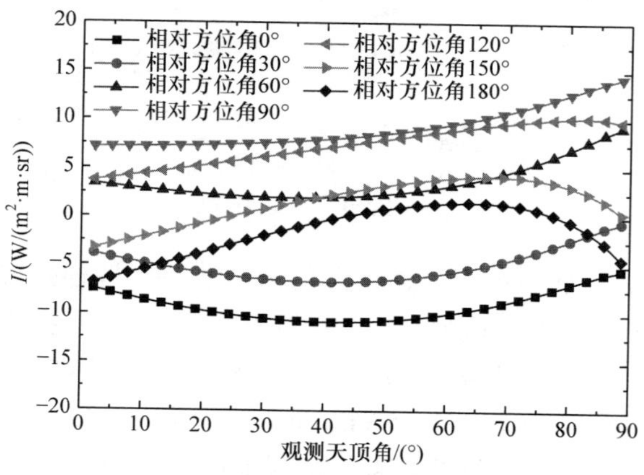

图 6.4　Stokes 参数 Q 随观测天顶角的变化关系

利用 6SV 软件包，仿真计算了不同太阳天顶角下归一化的 Stokes 参数(I, Q, U)。具体参数设置为：观测天顶角 80°，相对方位角 120°；大气模型为中纬度冬季，气溶胶模型为大陆模型；能见度 10km；波段范围 630～690nm。大气的归一化 Stokes 参数仿真结果如图 6.7 所示。

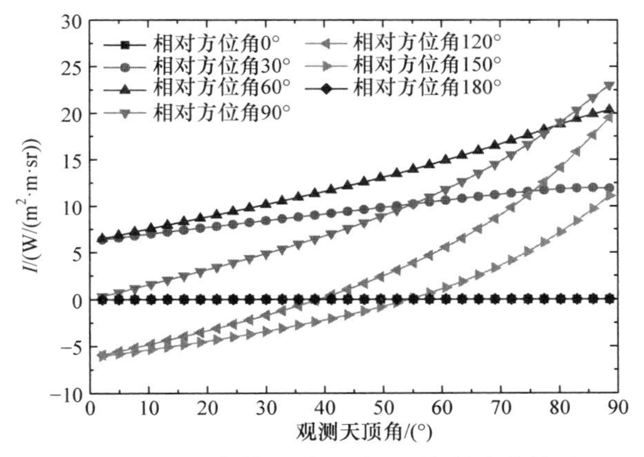

图 6.5　Stokes 参数 U 随观测天顶角的变化关系

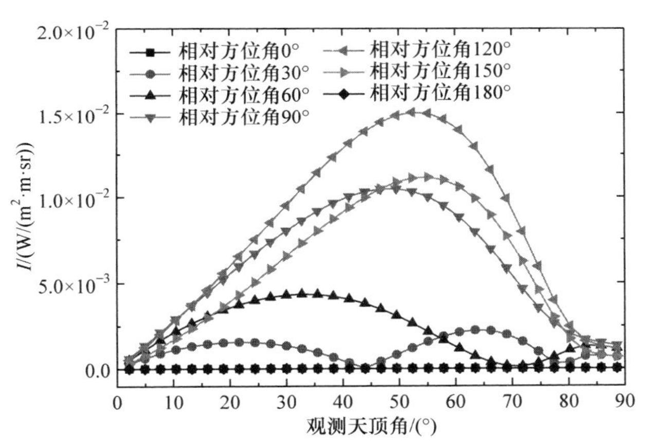

图 6.6　Stokes 参数 V 随观测天顶角的变化关系

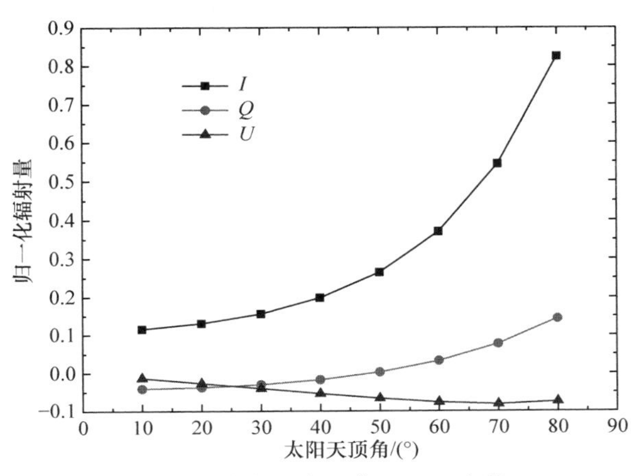

图 6.7　大气的归一化 Stokes 参数

6.1.2　偏振探测数值仿真结果

根据模拟计算得到的地物二向反射矩阵 R_{11}、R_{21} 和 R_{31} 和大气归一化 Stokes 参数 I、Q、U，可以模拟得到探测器入瞳处的植被、土壤两种地物的归一化 Stokes 参数 I、Q、U，结果如图 6.8 和图 6.9 所示。进一步得到探测器入瞳处的植被、土壤两种地物的偏振度和偏振反射率，如图 6.10 和图 6.11 所示。

由探测器入瞳处的归一化 Stokes 参数 I、Q、U，可以模拟计算得到偏振探测器三个偏振方向(0°、45°、90°)的灰度值，结果如图 6.12 和图 6.13 所示。

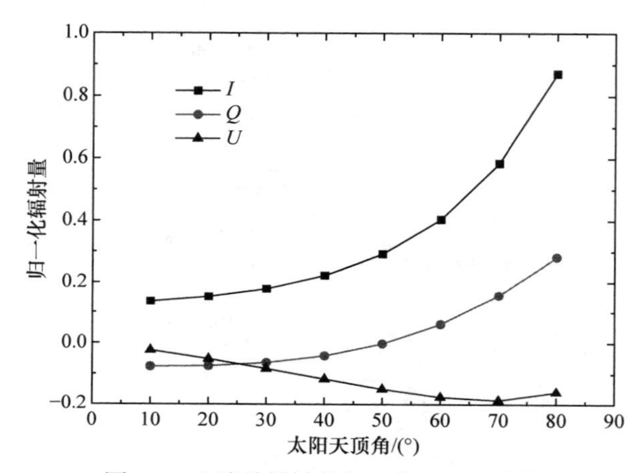

图 6.8　入瞳处植被的归一化 Stokes 参数

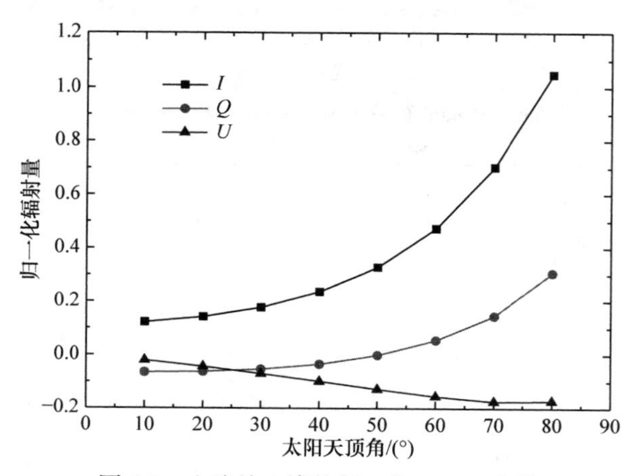

图 6.9　入瞳处土壤的归一化 Stokes 参数

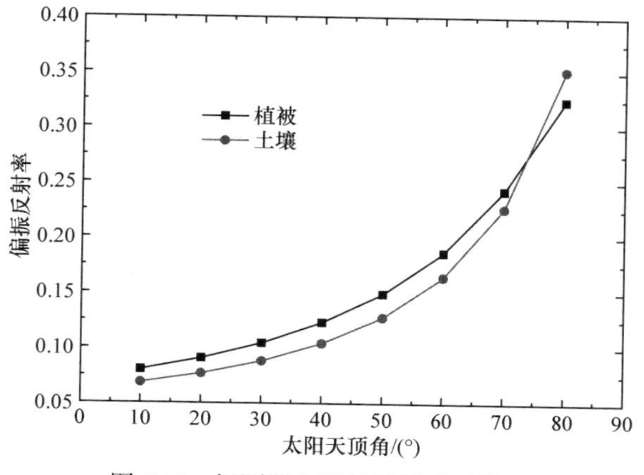

图 6.10　探测器入瞳处的偏振反射率

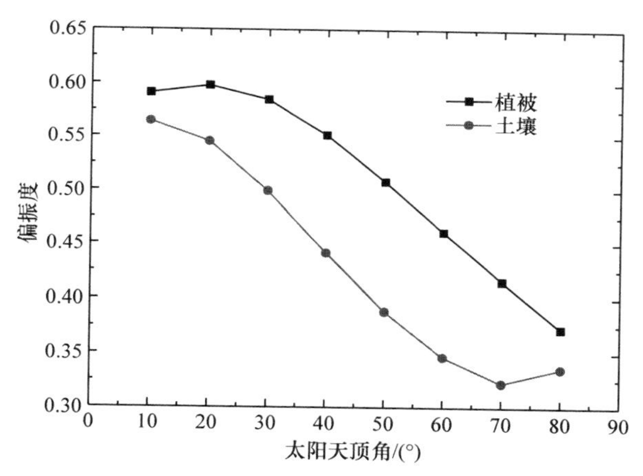

图 6.11　探测器入瞳处的偏振度

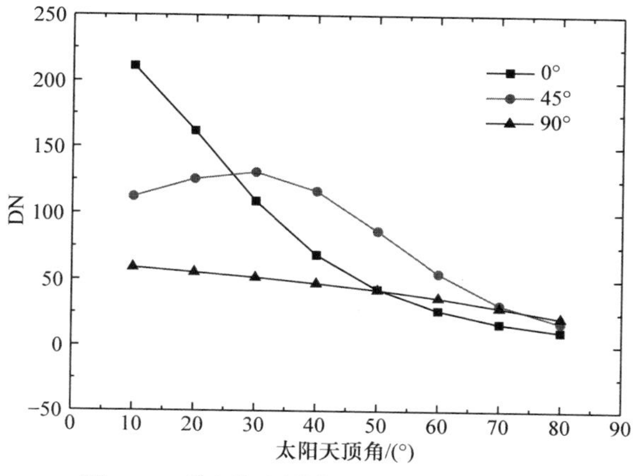

图 6.12　偏振探测器探测到的植被 DN 值

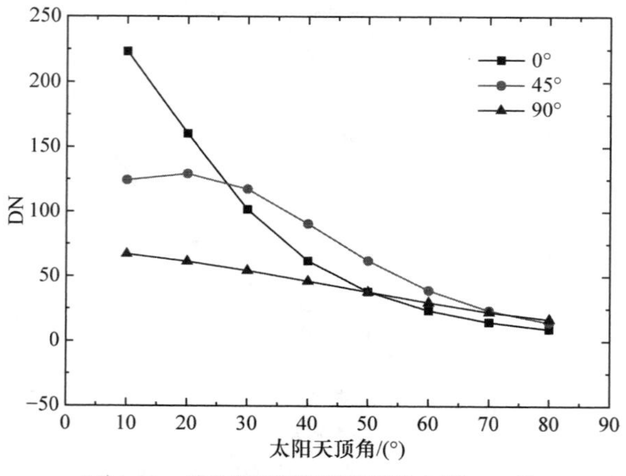

图 6.13　偏振探测器探测到的土壤 DN 值

6.2　基于强度图像的偏振成像仿真

6.2.1　基于强度图像的偏振成像仿真过程

国际上在轨运行的偏振成像探测器极为稀少，仅有法国空间局 CNES 的 POLDER-I 和 POLDER-II，而在轨运行的辐射强度探测器很多，我国的空间偏振探测器 DPC 随 GF-5 卫星发射升空。偏振成像仿真分析工作可以支持偏振遥感探测全链路信息传输过程的模拟，本节提出一种以强度图像为基础，结合实测地物偏振反射数据，进行传感器入瞳处偏振成像仿真的方法，其具体的实现过程是：首先利用强度图像，采用非监督分类 ISODATA 法进行图像分类，得到土地分类专题图；然后结合实测的地物偏振反射数据进行地物偏振反射率转换，获得地面偏振反射率图像；最后利用大气辐射传输模型，进行兼顾目标背景与大气相互耦合的大气辐射传输偏振仿真，得到传感器入瞳处的偏振仿真图像。基于强度图像的偏振成像仿真技术流程图如图 6.14 所示。

在被动遥感中，以太阳作为照明光源，非偏振的太阳光入射大气层，并经地面目标反射，再经大气层的出射辐射到达探测器时，入瞳辐射已具有一定程度的偏振态变化。整个辐射传输过程中，大气成分、目标特性、环境背景以及探测器观测几何都会影响接收光的强度和偏振状态。因此，偏振成像的仿真过程实质上就是对太阳光经大气、目标/背景直至传感器系统的传输过程的模拟。该传输过程可分为两个阶段：首先，太阳直射光经过大气的散射吸收和目标反射后演变为偏振光；实现这一过程的模拟即是通过测量或计算目标背景在不同光照和观测条件下的偏振辐射分布，以便获得目标背景偏振二向反射特性，再根据强度图像，获

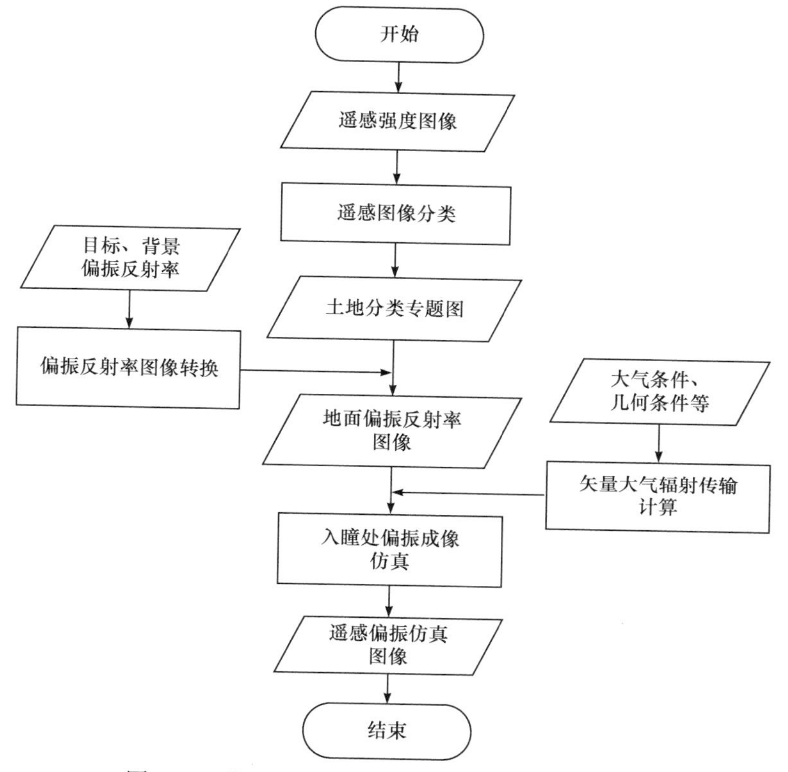

图 6.14　基于强度图像的偏振成像仿真技术流程图

得地面偏振反射率图像。然后，目标反射光、环境背景光以及目标背景在大气中的多次散射光一起到达偏振探测器入瞳处；该过程中大气路径辐射和地物目标辐射同时进入探测器，导致图像模糊，对比度下降；实现这个过程的模拟需要应用矢量大气辐射传输模型，进行不同传输环境下目标背景与大气耦合的探测器入瞳处偏振成像仿真。因而，实现偏振成像的仿真可分为地面偏振反射率的图像获取和探测器入瞳处偏振反射率图像的仿真两个步骤。

1. 图像分类

根据前面叙述的基于强度图像的偏振成像仿真技术流程，首先需要通过对强度遥感影像进行分类，得到土地分类专题图。遥感图像的分类是指通过分析空间信息和各类地物的光谱特征来选择参数，并将特征空间划分为互不交叉的子空间，然后将图像中各个像元按照某种规律或算法划分到各个子空间中去，即实现将图像中的同类地物像元集群在同一个子空间中。

图像分类方法主要分为监督分类法和非监督分类法两大类。其中监督分类常用的方法有最小距离法、马氏距离法、最大似然法、波谱角法、神经元网络法等；非监督分类也称聚类分析法，主要有 *K*-均值算法、ISODATA 算法等[65]。非监督分类法不需要更多的先验知识，当光谱特征类能够与地物类型相对应时分类精度较好。

选用 ISODATA 算法进行遥感图像的分类，其目的是将图像中的背景和目标分割出来。该算法也称为迭代自组织数据分析算法，它基于最小光谱距离公式，通过使用者初始定义最大的聚集群数量和最小的聚群均值间距离等参数，进行自动迭代聚类。

分类后，还需要开展分类合并以及分类后处理工作，如类别筛选、分类成团工作，以消除分类图像中出现的隔离斑点。图 6.15 和图 6.16 分别为两种不同强度图像的分类结果。

(a) 强度图像　(b) 分类图像

图 6.15　遥感图像分类结果(1)

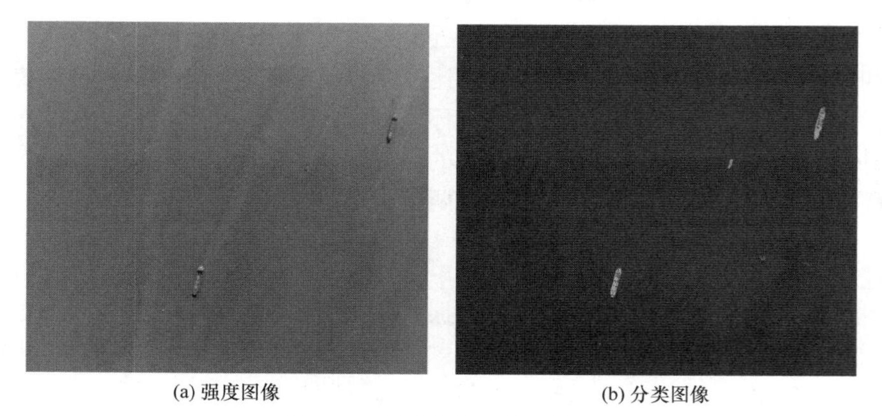

(a) 强度图像　(b) 分类图像

图 6.16　遥感图像分类结果(2)

2. 偏振图像转换

如果同一种类地物的偏振反射率相同，那么在完成图像分类后将实测的地物偏振反射率映射到分类图中的对应区域，即可生成地面偏振反射率图像。但由于地物目标本身的非均匀性，同一类地物在不同区域的偏振反射率并非完全一致。为了体现这种非均匀性，我们进一步假定同一类地物的偏振反射率的变化正比于反射率本身的变化。据此对于地面偏振反射率图像中的每一像元可以使用式(6.1)计算得到。

$$\rho_{P,\lambda}^{\mathrm{Suf}}(i,j;\theta_{\mathrm{s}},\theta_{\mathrm{v}},\varphi)=\frac{\rho_{P,\lambda}^{\mathrm{Meas},k}(\theta_{\mathrm{s}},\theta_{\mathrm{v}},\varphi)\cdot \mathrm{DN}^{k}(i,j)}{\mathrm{DN}_{\mathrm{avg}}^{k}} \tag{6.1}$$

式中，λ 表示波长，k 为地物种类，θ_{s} 为太阳天顶角，θ_{v} 为观测天顶角，φ 为相对方位角；$\rho_{P,\lambda}^{\mathrm{Suf}}(i,j;\theta_{\mathrm{s}},\theta_{\mathrm{v}},\varphi)$ 为地面偏振反射率仿真图像中像元(i, j)的偏振反射率，$\rho_{P,\lambda}^{\mathrm{Meas},k}(\theta_{\mathrm{s}},\theta_{\mathrm{v}},\varphi)$ 为在某一观测方向上测量得到的地物 k 的偏振反射率值；$\mathrm{DN}^{k}(i,j)$ 为强度图像中像元(i, j)的灰度值，$\mathrm{DN}_{\mathrm{avg}}^{k}$ 为强度图像中地物 k 的灰度平均值。图 6.17 和图 6.18 为在遥感图像分类的基础上，使用上述方法获得的地面/海面偏振反射率图像。

6.2.2 基于强度图像的偏振成像仿真结果

1. 海洋背景偏振成像仿真结果

1) 不同大气条件下的偏振成像仿真结果

根据上述地面偏振反射率图像和 5.2 节介绍的传感器入瞳处偏振反射率图像

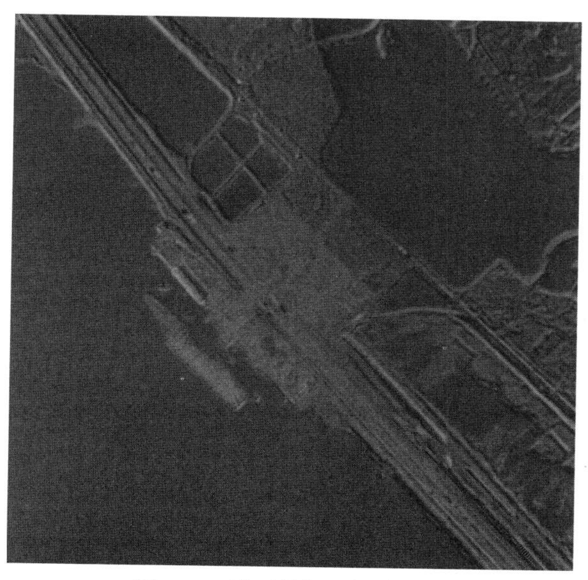

图 6.17　地面偏振反射率图像

图 6.18　海面偏振反射率图像

仿真方法，利用 6SV 分别计算出 $T(\theta_s)$、$T_\lambda(\theta_v)$ 以及 $I_\lambda^{Atm}(\theta_s,\theta_v;\varphi)$，再实现传感器入瞳处偏振反射率图像的仿真，其结果分别如图 6.19 和图 6.20 所示。图中在利用 6SV 计算大气辐射量时，设定太阳天顶角为 42.92°、方位角 210.73°；观测天顶角为 45°、方位角 210.73°；大气模式为中纬度冬季；气溶胶模型为海洋模型；观测高度为卫星高度；波段带宽为 647～693nm；大气能见度分别为 1km、5km、10km、15km、20km 和 25km。从图中可以看出，在相同几何条件下，随着大气能见度的降低，偏振仿真图像逐渐变得越来越模糊。特别是在能见度为 1km 时，洋面上的小船已经基本上不能分辨。

(a) 能见度为1km

(b) 能见度为5km

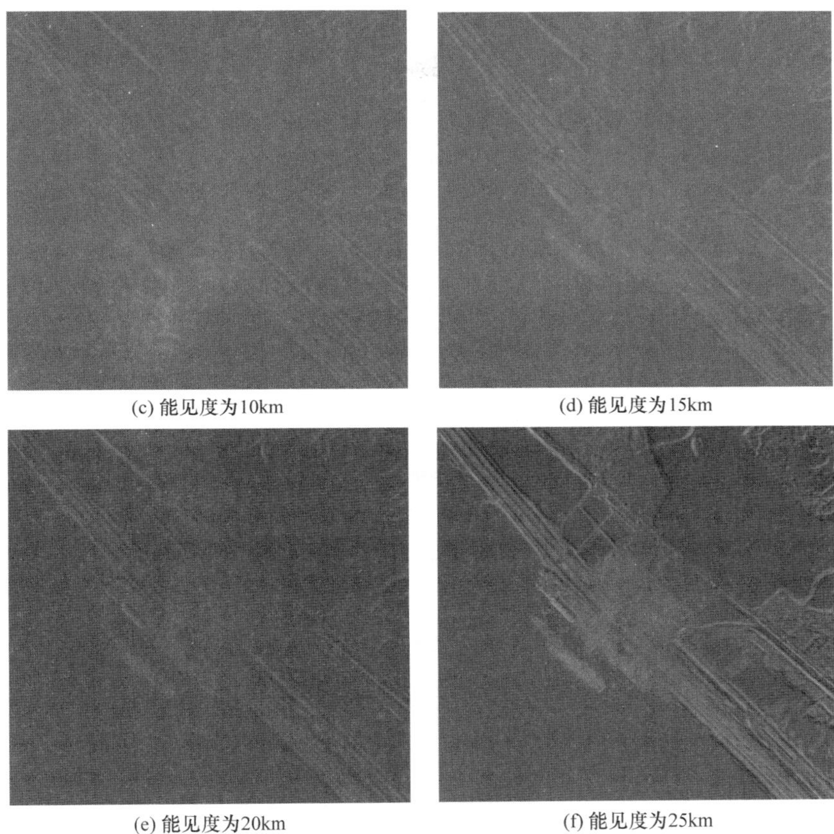

(c) 能见度为10km　　(d) 能见度为15km

(e) 能见度为20km　　(f) 能见度为25km

图 6.19　不同能见度下偏振仿真图像(1)

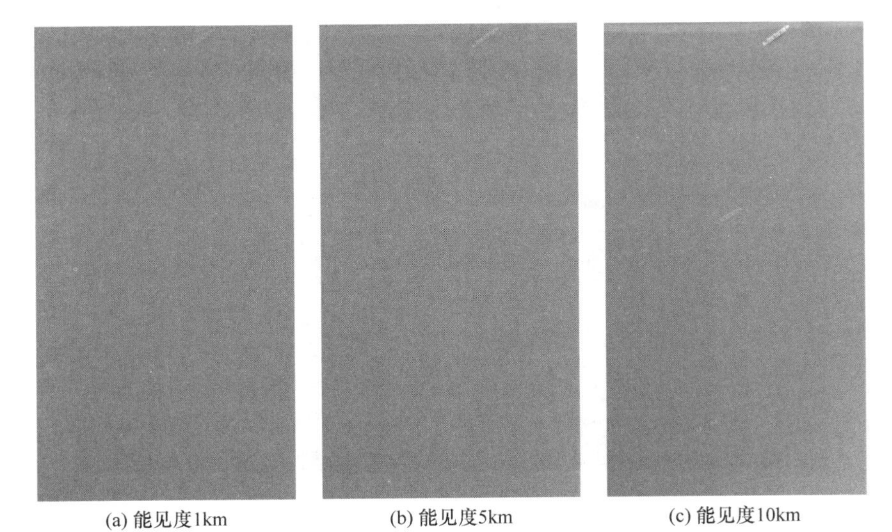

(a) 能见度1km　　(b) 能见度5km　　(c) 能见度10km

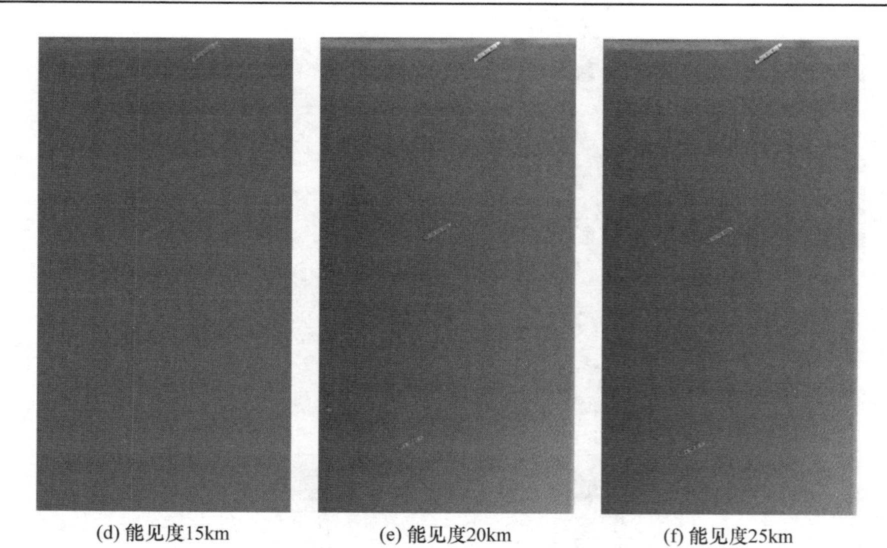

(d) 能见度15km　(e) 能见度20km　(f) 能见度25km

图 6.20　不同能见度下偏振仿真图像(2)

利用上述方法进行不同大气能见度下洋面上有舰船尾迹的偏振图像仿真，其结果如图 6.21 所示。图 6.21 中在利用 6SV 计算大气参数时，设定太阳天顶角为

(a) 能见度1km　(b) 能见度5km

(c) 能见度15km　(d) 能见度25km

图 6.21　不同能见度下偏振仿真图像

53.66°、方位角 121.38°；观测天顶角为 30°、方位角 121.38°；大气模式为中纬度冬季；气溶胶模型为海洋模型；观测高度为卫星高度；波段带宽为 475～505nm；大气能见度分别为 1km、5km、15km 和 25km。

从图中可以看出，在相同几何条件下，随着大气能见度的降低，偏振仿真图像逐渐变模糊。在能见度为 1km 时，洋面上三只船中最小的船已经完全看不清，稍暗的船也基本上不能分辨，仅稍亮的大船还能识别。当能见度为 5km 时，洋面上的两只大船可以分辨，但小船还是不能识别。当能见度增大到 15km 时，洋面上的三只船都能分辨，只是整幅图像看着还有些模糊。当能见度到 25km 时，整幅图像变得比较清晰，洋面上的三只船及其尾迹也清晰可见。

2) 不同观测方向的偏振成像仿真结果

我们使用相同的偏振成像仿真方法，在仿真不同大气条件下的偏振图像的同时，进行了不同观测方向上的偏振成像仿真。图 6.22 为能见度为 25km 时在主平面上不同观测天顶角上仿真得到偏振反射率图像。仿真时，太阳天顶角为 53.66°、方位角 121.38°；大气模式为中纬度冬季；气溶胶模型为海洋模型；观测高度为卫星高度；波段带宽为 475～505nm；方位角 121.38°，观测天顶角分别为 0°、15°、30°、45°和 60°。

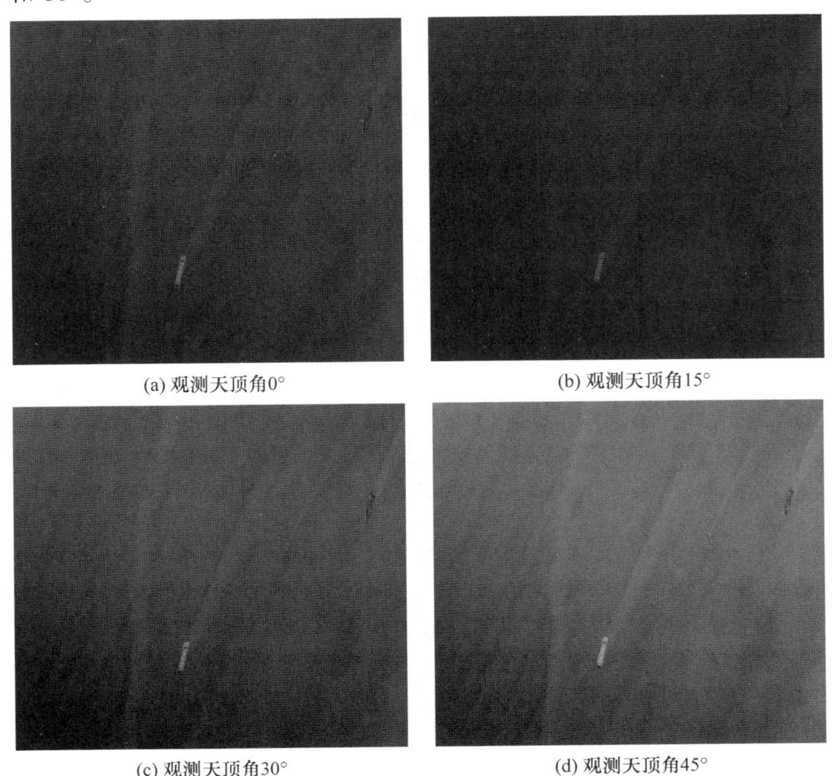
(a) 观测天顶角0°　(b) 观测天顶角15°
(c) 观测天顶角30°　(d) 观测天顶角45°

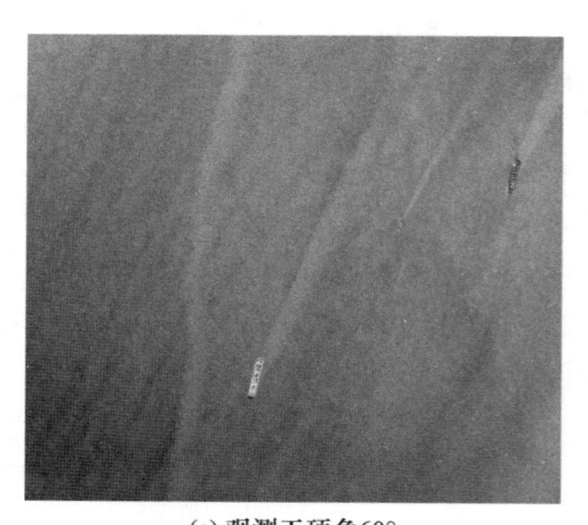

(e) 观测天顶角60°

图 6.22 不同观测角度下的偏振仿真图像

从图中可以看出在观测天顶角为 15°时，水体和船体最不易分辨，观测天顶角为 60°时水体和船体的对比度最大，两者最易分辨。在某些观测角度船体和水体的对比度不同，这一现象可以为多角度偏振探测及识别提供依据。

3) 偏振仿真与强度仿真结果对比

为了进一步揭示偏振遥感图像的特征属性，下面将其与相同观测条件和大气条件下的强度仿真图像作对比分析。图 6.23(a)、(b)为偏振仿真结果，图 6.23(c)、(d)为强度仿真结果。图中在使用 6SV 进行大气散射量计算时，设定太阳天顶角为 48.99°、方位角 128.93°；观测天顶角为 45°、方位角 308.93°；大气模式为中纬度冬季；气溶胶模型为大陆模型；观测高度为卫星高度；波段带宽为 647～693nm；大气能见度分别为 5km 和 25km。

通过对比 4 张图像不难看出，无论是偏振仿真图像还是强度仿真图像，在相同几何条件下，大气能见度低的图像更模糊，反之则更清晰；在几何条件和大气条件均相同时，偏振仿真图像比强度仿真图像更清晰，这直观地反映出，相比于强

(a) 能见度5km的偏振仿真图像

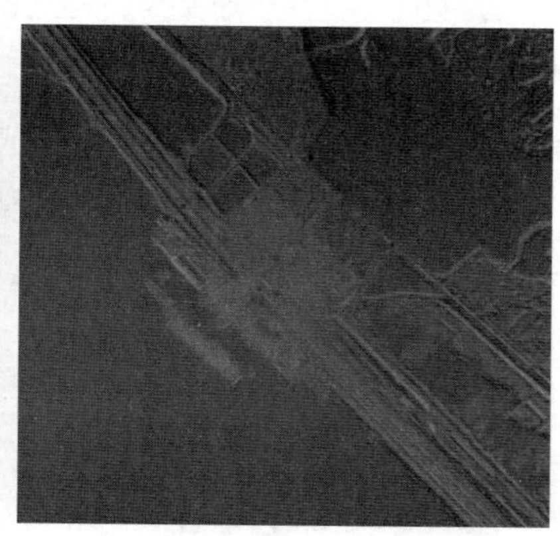

(b) 能见度25km的偏振仿真图像

(c) 能见度5km的强度仿真图像

(d) 能见度25km的强度仿真图像

图 6.23　强度仿真和偏振仿真的对比结果

度成像，偏振成像受大气中雾霾的影响较弱，更适于较恶劣大气条件下的目标探测。

为了定量地展现天气条件对偏振以及强度图像的影响，我们进一步仿真获得了多个能见度条件下传感器入瞳处的偏振图像和强度图像，然后计算其对比度，以此来比较天气条件对两类图像清晰度的影响情况。对比度，即图像灰度反差的大小，它是表征图像画质清晰度的主要参量，是图像中明暗区域最亮的白和最暗的黑之间不同亮度层级的测量。在图像中地物目标背景的对比度的计算公式如下[66]：

$$C = \sum_{\delta} \delta^2(i,j) P_{\delta}(i,j) \tag{6.2}$$

其中，C 为图像对比度；$\delta(i,j) = |i-j|$ 为相邻像素间的灰度差；$P_{\delta}(i,j)$ 为灰度差为 δ 的像素分布概率。

表 6.1 列出了根据式(6.2)算出的不同能见度条件下(1km、5km、10km、15km、20km、25km)、两个观测方向上偏振仿真图像和强度仿真图像的对比度。仿真过程中使用的大气条件除能见度外均与图 6.23 相同，只是两个观测方向分别为(45°、308.93°)和(45°、128.93°)，它们对应的散射角分别为 86.01°和 176.01°，分别代表了两侧散射和后向散射两种情况。

表 6.1　偏振仿真图像和强度仿真图像的对比度计算结果

能见度/km	偏振仿真图像的对比度		强度仿真图像的对比度	
	观测天顶角、方位角 (45°、308.93°)	观测天顶角、方位角 (45°、128.93°)	观测天顶角、方位角 (45°、308.93°)	观测天顶角、方位角 (45°、128.93°)
25	107.025	122.025	90.36	64.17
20	105.315	121.83	81.72	57.69
15	105.045	121.56	69.21	48.51
10	100.875	121.035	49.95	35.01

续表

能见度/km	偏振仿真图像的对比度		强度仿真图像的对比度	
	观测天顶角、方位角(45°、308.93°)	观测天顶角、方位角(45°、128.93°)	观测天顶角、方位角(45°、308.93°)	观测天顶角、方位角(45°、128.93°)
5	67.635	119.475	20.7	15.21
1	21.435	95.34	0.243	0.225

从表中可以看出，无论偏振图像还是强度图像，其对比度都随能见度的降低而减小，但是偏振图像的对比度普遍高于强度图像的对比度，特别是在低能见度和后向散射方向上，其差异更为显著。另外，从观测方向来看，在某些特殊方向上，即使大气能见度很低，通过偏振成像也能获得较高的对比度，而强度探测的方向选择性弱，无法凸显该属性。这表明，偏振成像仿真分析可用于指导选择特定的方向进行偏振探测，充分发挥偏振成像在目标识别上的优势。

2. 陆表环境偏振成像仿真结果

1) 不同大气条件下的偏振成像仿真结果

使用海洋背景偏振成像仿真相同的仿真方法，仿真获得入瞳处偏振反射率图像。设定太阳天顶角为 42.0°、方位角 120.0°；观测天顶角为 45°、方位角 120.0°；大气模式为中纬度冬季；气溶胶模型为城市型；观测高度为卫星高度；波段带宽为 647～693nm；分别模拟生成大气能见度为 5km 时和大气能见度为 25km 时卫星高度传感器入瞳处的偏振反射率图像和反射率图像，如图 6.24 所示，其中(a)、(b)为偏振反射率图像，(c)、(d)为反射率图像。

为了进一步揭示偏振遥感图像的特征属性，基于水平观测成像场景，开展了水平方向上的偏振成像仿真，并将其与相同观测条件和大气条件下的强度仿真图

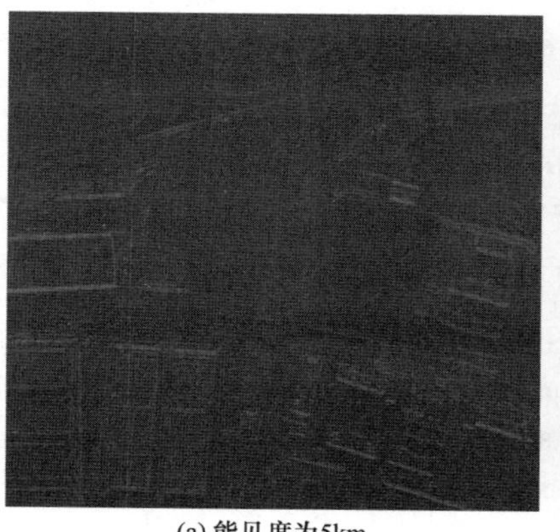

(a) 能见度为5km

(b) 能见度为25km

(c) 能见度为5km

(d) 能见度为25km

图 6.24　不同大气条件下偏振反射率和反射率图像

像作对比分析。图 6.25(a)、(b)、(c)为强度仿真结果，图 6.25(d)、(e)、(f)为偏振仿真结果。设定太阳天顶角为 48.99°、方位角 128.93°；观测天顶角为 45°、方位角 308.93°；大气模式为中纬度冬季；气溶胶模型为大陆模型；观测距离为 10km；波段带宽为 647～693nm；大气能见度分别为 5km、10km、15km。通过对比 6 张图像不难看出，无论偏振仿真图像还是强度仿真图像，在相同几何条件下，大气能见度低的图像更模糊，反之则更清晰；在几何条件和大气条件均相同时，偏振仿真图像比强度仿真图像更清晰，这直观地反映出了相比于强度成像，偏振成像受大气中雾霾的影响较弱，更适于较恶劣大气条件下的目标探测。

(a) 能见度15km的强度仿真图像

(b) 能见度10km的强度仿真图像

(c) 能见度5km的强度仿真图像

(d) 能见度15km的偏振仿真图像

(e) 能见度10km的偏振仿真图像

(f) 能见度5km的偏振仿真图像

图 6.25　不同能见度下的偏振仿真与强度仿真结果

2) 不同观测方向的偏振成像仿真结果

我们使用相同的偏振成像仿真方法，在仿真水平方向上不同大气条件下的偏振图像的同时，进行了不同观测方向上的偏振成像仿真。根据水平观测成像场景、实测的伪装板和草地的偏振参数，仿真获得了 670nm 波段、大气能见度为 10km、观测距离为 1km 时，观测天顶角分别为 0°、30°和 60°时的偏振度图像，如图 6.26 所示。

(a) 观测天顶角0°

(b) 观测天顶角30°

(c) 观测天顶角60°

图 6.26　不同观测角度时的偏振仿真结果

从图中可以看出，不同观测角度下，伪装板和草地的对比度明显不同，观测天顶角为 60°时伪装板和草地的对比度最大，两者最易分辨。在某些观测角度伪装板和草地的对比度不同，这一现象可以为多角度偏振探测及识别提供依据。

6.3　偏振成像仿真效果评价及验证

6.3.1　全链路偏振成像仿真实验方案

评价与验证作为图像仿真工作的一部分，是检验仿真方法有效性的重要环节。为了评价和验证偏振成像仿真方法和结果，我们开展了地面和空基的偏振探测验证试验。地面试验地点在合肥科学岛，使用全偏振相机在接近水平方向观测草地和其上的木板。航空飞行试验地点在京津塘地区，使用航空版 DPC 进行多个观测角度的偏振探测。相对于地面试验，航空飞行试验需要比较多的准备工作，如设置航线、搭建测量平台，所以，下面主要对航空飞行试验作详细的介绍。

1. 实验区域选择

京津唐开发区位于华北平原东北部，是全国 17 个重点开发区之一。该地区工业体系门类齐全，特别是石油、煤化、冶金、海洋化工、机械电子工业非常发达，加上以煤为主的能源结构，使得该地区大气污染较严重，该地区是城市化和工业化影响的典型代表，其近海区域也受到人类活动的显著影响，选择在该地区进行航空偏振探测实验，便于获取不同能见度下(晴天、灰霾天)的偏振探测图像，可以验证不同大气条件下的偏振成像仿真结果，以及研究不同大气条件下的偏振探测能力。

2. 航线设计

我们通过对京津塘地区进行实地考察，设计了能覆盖不同地表的航空飞行试验航线，使航空观测区域包括城市市区、重工业区(天津钢铁集团有限公司厂区)、村庄、农田、港口(天津港)、近海等不同大气环境和地表类型。一方面，在地面沿航线布设太阳辐射计 CE318 观测站点，对大气进行地基同步观测，以获得飞行时刻的气溶胶光学厚度和 Ångström 指数等大气参数；另一方面，在航空飞行的同时，在航线覆盖区域对典型地物(舰船、海水、土壤、水泥地等)进行了地面偏振二向反射特性测量。地面大气参数和地物偏振特性的同步测量为航空实验结果的分析、验证提供有力的数据支持。

第一次航空飞行试验分别于 2012 年 7 月 9 日、7 月 23 日、7 月 24 日，共进行了三个架次的飞行试验，航高为 3600～3900m。航空试验的航线串联了地面试验站点：天津机场—天钢集团—塘沽—程家园—曹妃甸—京唐港—七场—天津机场，飞行试验航线图如图 6.27 所示，图中旗帜点表示地面站点，实线为飞行航线。第二次航空飞行试验分别于 2013 年 3 月 21 日、3 月 26 日、3 月 27 日，共进行了三个架次的飞行试验，航高为 2700～3600m。其中 3 月 21 日和 3 月 27 日，天气状况良好，晴朗无云；3 月 26 日有薄雾。航空试验的航线串联了地面试验站点：天津机场—天钢集团—塘沽—汉沽(盘旋)—七场(盘旋)—曹妃甸—塘沽—天钢集团—天津机场，飞行试验航线图如图 6.28 所示。

3. 航空实验装置

航空测量平台主要包括航空版 DPC 和相应的辅助设备。辅助设备有飞行稳

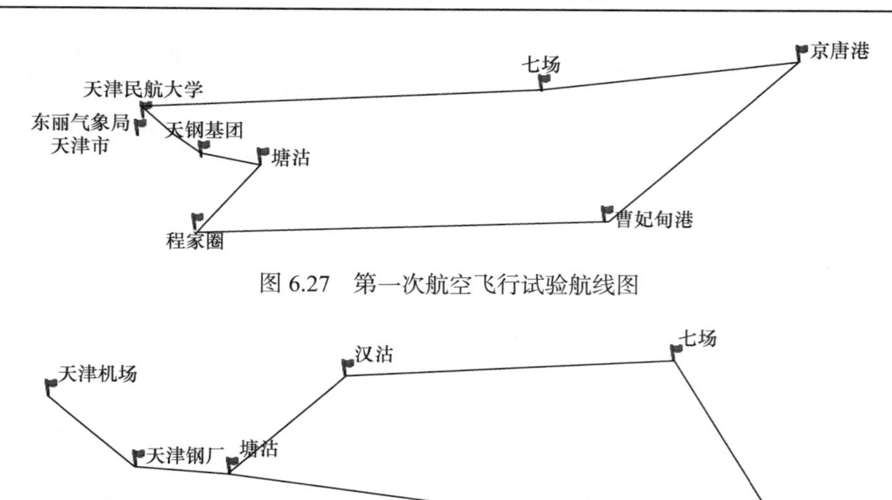

图 6.27　第一次航空飞行试验航线图

图 6.28　第二次航空飞行试验航线图

定平台和定位测姿(POS)系统。航空版 DPC 和 POS 一同安装在稳定平台上。稳定平台和 POS 共同作用，不仅可以保证探测设备姿态稳定、准确控制航拍重叠度，还能实时获得每幅图像的相机姿态和位置信息，用于后续处理。

航空版 DPC 主要由三部分构成：CCD(1024 × 1024)面阵探测器、滤光片/偏振片组合转轮和宽视场光学系统。CCD(1024 × 1024)面阵探测器用来接收来自光学系统的目标光信号，进行光电转换，得到相应的电信号，供电子学系统作数据的处理、传输和存储等。滤光片/偏振片组合转轮中的滤光片用来得到所需要的光谱波段；偏振片通过对大气目标信号进行偏振分析，得到地气系统偏振辐射信号。宽视场光学系统包括视场、通光口径、焦距、光学系统 F 数等参数，这些参数的设计决定了多角度偏振成像仪的视场角[67]。

航空版 DPC 设计为时序偏振成像工作方式，分时采集多波段偏振辐射数据[68]。该采集方式使系统的偏振效应很小，能够获得较高精度的偏振测量数据。但是，在搭载在飞机或卫星平台上进行飞行测量时，会因为运动带来像元不配准问题，影响偏振解析精度，必须从硬件或软件上进行像元配准。法国研制的 POLDER 偏振波段三通道采用了硬件运动补偿设计，已搭载在高分 5 号卫星上的多角度偏振成像仪也将采用硬件运动补偿设计。但是，本航空版 DPC 没有设计硬件运动补偿，所以需要在软件上实现三个偏振方向上图像的像元配准。

航空版 DPC 在可见近红外波段共设置了 6 个光谱波段，共 13 个探测通道分别进行辐射/偏振探测。其光谱波段分别为 490nm-P、670nm-P、865nm-P、550nm、

780nm、810nm，其中用 P 标记的是偏振探测波段。每个偏振波段有 3 个通道，即 0°、60°和 120°三个偏振方向，而非偏波段仅有 1 个通道，剩余 1 个通道用于探测器暗电流的监测，具体的配置如表 6.2 所示。该成像仪最大视场角为±80°，可以在多个观测方向收集地气体系反射的强度和偏振信息，为地物和大气参数的探测服务。

表 6.2 航空版 DPC 波段参数

通道编号	中心波长 λ / nm	带宽 $\Delta\lambda$ / nm	偏振片方向
1	490	30	P，120°
2	490	30	P，0°
3	490	30	P，60°
4	670	47	P，120°
5	670	47	P，0°
6	670	47	P，60°
7	865	55	P，120°
8	865	55	P，0°
9	865	55	P，60°
10	本底	—	—
11	550	28	非偏通道
12	780	29	非偏通道
13	810	50	非偏通道

6.3.2 全链路偏振成像仿真实验数据处理

1. 图像配准

由于航空版 DPC 采用分时多波段偏振辐射数据的采集方式，且没有采用硬件运动补偿设计，为了保证偏振解析精度，需要在软件上实现 0°、60°、120°三个偏振检测方向上图像的像元配准，以解决在进行飞行测量时由运动带来的像元不配准问题。

1) 图像配准方法

图像配准是遥感图像数据处理的一个基本环节，是指在不同的时间，从不同的视角，相同或不同传感器对同一场景拍摄的两幅有重叠区域的图像进行处理的过程。本质上，将不同时刻、不同传感器或者从不同角度获取的遥感数据变换到统一参考坐标系下这一操作就是遥感影像配准，其目的是实现相同目标的影像像素之间的一一对应。图像配准方法一般分为三大类：基于灰度信息图像的配准方法、基于图像特征点的配准方法、基于图像变换域的配准方法[67]。

基于灰度信息的图像配准方法即利用图像本身某种统计信息的相似性作为判别标准，通过寻找最优变化的算法，得到实现相似性判别标准最大化的图像转换形式，以达到图像配准的目的[69,70]。此类方法一般不需要对图像进行复杂的预处理，最主要的优点就是易于理解、实现简单，但也有应用范围较窄、不能直接用来校正图像的非线性形变和运算量大的缺点。

基于图像特征的方法通过分析图像像素值，提取图像中相对固定的特征来实现图像配准，它不是直接利用图像像素值，因而可在一定程度上弥补相关运算类方法需要的缺点。目前使用图像边缘、轮廓、区域特征结构和特征点(包括角点、高曲率点等)等图像特征，发展了几种常用的图像配准方法：基于特征点的配准方法、基于线特征的配准方法、基于轮廓特征的配准方法和基于区域特征结构的配准方法等[71,72]。

基于变换域的图像配准方法较多，最主要的变换域方法是基于傅里叶变化的相位相关配准方法。在图像处理时，图像的平移、旋转、缩放和镜像变换都能在傅里叶变换域中反映出来，其具体算法如下。

对于仅差一个平移量(d_x,d_y)的两幅图像$f_1(x,y)$和$f_2(x,y)$：

$$f_2(x,y)=f_1(x-d_x,y-d_y) \tag{6.3}$$

则它们的傅里叶变换F_1和F_2之间将有如下的关系：

$$F_2(\xi,\eta)=\mathrm{e}^{-f(\xi d_x+\eta d_y)}F_1(\xi,\eta) \tag{6.4}$$

可见，这两者的傅里叶频谱幅度相同，仅差一个与平移量(d_x,d_y)相关的相位差，这一相位差等于两幅图像的交叉功率谱：

$$\frac{F_1(\xi,\eta)F_2^*(\xi,\eta)}{\left|F_1(\xi,\eta)F_2^*(\xi,\eta)\right|}=\mathrm{e}^{\mathrm{j}2\pi(\xi d_x+\eta d_y)} \tag{6.5}$$

其中，*为共轭。对交叉功率谱求傅里叶反变换，可在匹配点得到一个冲激响应。要想得到准确的匹配位置，通过寻找最大值的位置即可。

Reddy 进一步发展了相位相关技术，使其不但适用于平移失配的图像，也适用于图像间具有旋转、缩放关系的图像配准问题[73]。

当两幅图像$f_1(x,y)$和$f_2(x,y)$间除平移量(d_x,d_y)，还相差一个旋转角度θ_0时，图像的关系为

$$f_2(x,y)=f_1(x\cos\theta_0+y\sin\theta_0-d_x,-x\sin\theta_0+y\cos\theta_0-d_y) \tag{6.6}$$

若 M_1 和 M_2 分别为 F_1 和 F_2 的模，那么通过取模操作可分离出旋转信息：

$$M_2(\xi,\eta)=M_1(\xi\cos\theta_0+\eta\sin\theta_0,-\xi\sin\theta_0+\eta\cos\theta_0) \tag{6.7}$$

可见，两图像频谱的幅角之间仅相差一个旋转角度 θ_0，通过将坐标系转化为极坐标系，将旋转参数转化为平移参数，再利用相位相关法求得

$$M_2(\rho,\theta)=M_1(\rho,\theta-\theta_0) \tag{6.8}$$

同理，假定图像间存有缩放因子 s，那么在极坐标下其两图像频谱的模之间有如下关系：

$$M_2(\rho,\theta)=M_1(\rho/s,\theta-\theta_0) \tag{6.9}$$

令 $\xi=\log\rho$，$d=\log s$，则式(6.9)变换为

$$M_2(\xi,\theta)=M_1(\xi-d,\theta-\theta_0) \tag{6.10}$$

通过旋转参数和缩放参数，即可对图像进行旋转和缩放，通过上述方法校正后的图像之间仅相差一个平移量，该平移量易于利用相位相关法求出。

基于变换域的图像配准方法通常对噪声具有一定程度的鲁棒性，同时可以采用快速傅里叶变换(fast Fourier transfer，FFT)算法提高执行的速度，其算法成熟、快速、易于实现，使得基于傅里叶变换的相位相关配准方法成为图像配准常用的有效方法。下面使用傅里叶变换法进行三个偏振方向上的图像配准。

2) 图像配准结果

由于航空版 DPC 在进行航拍时，其分时多波段偏振辐射数据的采集方式会因为运动带来图像像元不配准问题，所以需要进行图像配准。以便对三个偏振方向上的图像进行定量化处理，获得偏振遥感应用中需要的偏振度、偏振反射率等偏振参数图像。

基于傅里叶变换的相位相关配准方法，以偏振方向为 0°的图像为参考，偏振方向为 60°、120°的图像为待配准图像，将三个偏振方向的同一波段图像进行配准。图 6.29 为 670nm 波段三个偏振方向上配准前后的效果图，为显示图像配准的效果，将配准前后的三个偏振方向上的图像进行了图像合成比较。在图像配准过程中，偏振方向为 120°的图像需要水平右移 2 个像素点，垂直上移 14 个像素点，旋转角度为 0；偏振方向为 60°的图像需要水平左移 1 个像素点，垂直下移 9 个像素点，旋转角度为 0。

从图 6.29 中可以看出：配准前，三个偏振方向的合成图有明显的像素错位现象，而配准后，三个偏振方向的合成图像素基本可以匹配到一致，说明了基于上述傅里叶变换的相位相关配准方法对 DPC 航拍图像进行配准的有效性。

(a) 配准前

(b) 配准后

图 6.29　670nm 波段三个偏振方向配准前后的效果图

2. 偏振参数定量化

从航空版 DPC 采集的三个偏振方向上的图像得到偏振度、偏振反射率等有物理意义的偏振参量的过程，即为定量化的过程。偏振参量定量化的实现需要 DPC 的辐射、偏振定标矩阵。偏振成像探测器的定标和强度成像探测器的定标一样，可以通过实验室定标和在轨定标两种方式获得定标矩阵[74]。

航空版 DPC 的定标参考法国 POLDER 的定标方法，其考虑了偏振效应的偏振通道辐射模型为

$$
\begin{aligned}
X_{l,p}^{m,s,k,a} &= G^m \cdot A^k \cdot t^s \cdot T^{k,a} \cdot g_{l,p}^{k,a} \cdot P^k(l,p) \\
&\quad \cdot \left[P_1^{k,a}(l,p) \cdot I_{l,p}^k + P_2^{k,a}(l,p) \cdot Q_{l,p}^k + P_3^{k,a}(l,p) \cdot U_{l,p}^k \right] + C_{l,p}^{m,s}
\end{aligned}
$$

$$
\begin{cases}
P_1^{k,a}(\theta,\phi) = 1 + \eta^k \varepsilon^k(\theta) \cos 2(\phi - \alpha^{k,a}) \\
P_2^{k,a}(\theta,\phi) = \eta^k \cos 2(\phi - \alpha^{k,a}) + \varepsilon^k(\theta) \\
P_3^{k,a}(\theta,\phi) = \eta^k \sin 2(\phi - \alpha^{k,a})
\end{cases} \tag{6.11}
$$

其中，k 代表不同波段，指数因子 m 代表增益，s 代表曝光时间，α 代表不同偏振方向；G^m 为相对增益系数；t^s 为曝光时间；$T^{k,a}$ 为检偏振和滤光片的相对透过率，偏振方向 $\alpha = +60°$、$-60°$ 与偏振方向 $\alpha = 0°$ 时作比较；$C_{l,p}^{m,s}$ 为暗电流系数；A^k 为绝对辐射定标系数；$P^k(l,p)$ 为低频部分的透过率；$g_{l,p}^{k,a}$ 为空间频谱的高频相对透过系数；$P_1^{k,a}$、$P_2^{k,a}$ 和 $P_3^{k,a}$ 为光学系统的偏振参数；ε 为光学镜头的起偏度；η 为偏振片和滤光片的起偏度；$\alpha^{k,a} \approx -60°$、$0°$、$+60°$，不同波段、不同偏振方向都不同；$I^k$、$Q^k$、$U^k$ 为要解析得到的四个 Stokes 参数的前三个参数。

(1) 光学镜头的起偏度可以表示为

$$\varepsilon_{i,j} = \frac{\tau_{i,j}^1 - \tau_{i,j}^2}{\tau_{i,j}^1 + \tau_{i,j}^2} \tag{6.12}$$

式中，$\tau_{i,j}^1$ 和 $\tau_{i,j}^2$ 分别表示垂直和平行于入射面时光学镜头的透过率；i、j 表示入射光束照亮的像素对应 CCD 像元矩阵中的坐标号。

(2) 偏振片和滤光片的起偏度可以表示为

$$\eta = \frac{\xi - \varsigma}{\xi + \varsigma} \tag{6.13}$$

偏振片和滤光片的最大透过率和最小透过率分别为 ξ 和 ς 。

(3) 低频部分的相对透过率 $P^k(l,p)$ 。

光学镜头在不同视场下的透过率是不同的，这会导致 CCD 像面接收到的光强不相同。对 k 波段来说，假设中心视场的相对透过率 $P^k(0,0)=1$ ，定义各视场与中心视场的透过率之比为像面低频部分的相对透过率。

(4) 空间频谱的高频相对透过系数 $g_{l,p}^{k,a}$ 。

面阵 CCD 成像器件光敏元的不均匀、偏振敏感性及 CCD 的光电响应不均匀性等原因，导致均匀视场目标的图像输出灰度值不均匀。图像各像素的灰度值输出与标准灰度值响应之比，称为像面空间频谱的高频相对透过系数。

将航空版 DPC 正对积分球辐射源，对各波段的每个偏振通道成像，在获得的每幅图像中心取 $n \times n$ 个像素，计算它们的灰度均值后，拟合关于视场角 θ 和 φ 的二维曲面方程。各像素的灰度值除以相应拟合曲面上的数值，便可得到空间频谱的高频相对透过系数。计算公式如下：

$$g_{l,p}^{k,a} = X_{l,p}^{k,a} / \bar{X}_{\theta,\phi}^{k,a} \tag{6.14}$$

其中，$g_{l,p}^{k,a}$ 为 k 波段、α 偏振方向下偏振成像仪在像元坐标 (l,p) 的空间频谱高频相对透过系数；$X_{l,p}^{k,a}$ 为 k 波段、α 偏振方向下偏振成像仪在像元坐标 (l,p) 的响应示值；$\bar{X}_{\theta,\phi}^{k,a}$ 为 k 波段、α 偏振方向下偏振成像仪在视场角 θ 和 ϕ 的像素窗的拟合值。

航空版 DPC 的 CCD 探测器像素坐标 (l,p) 与 (θ,φ) 的关系如下：

$$\theta = \arctan\left(\frac{\sqrt{(l-512.5)^2 + (p-512.5)^2} \times 12}{10650}\right) \tag{6.15}$$

坐标为 (l,p) 的像素在 CCD 探测器坐标系(第一象限、第二和第三象限、第四象限)

中的角度为

$$\varphi=\begin{cases}\phi, \\ \phi+\pi, \quad 其中\phi=\arctan\left(\dfrac{p-512.5}{l-512.5}\right) \\ \phi+2\pi, \end{cases}$$

在实验室内，绝对辐射定标系数 A^k 一般使用积分球测量获得，而在轨辐射定标一般使用清洁海洋上的瑞利散射计算得到。对角度定标系数 $P^k(\theta)$，实验室内利用大口径积分球，使其出射面充满 DPC 整个视场，通过拟合关于视场角 θ 和 φ 的二维曲面方程可以获得 $P^k(\theta)$；在轨多角度定标利用沙漠场地的二向反射特性(BRDF)，通过对不同观测角度下的 BRDF 进行多项式拟合得到 $P^k(\theta)$。对偏振定标系数 ε、η 和 $T^{k,a}$，实验室内通过使用标准的偏振光源获得，而在轨偏振定标通过使用云散射角为 100°时为非偏振光的特点计算偏振定标系数，使用清洁海洋的太阳耀光进行实验室定标结果的检验。

航空版 DPC 的每个偏振波段有三个偏振方向(α = 1、2 和 3)，每个偏振方向占一个通道，可建立线性方程组

$$\begin{bmatrix} I^k \\ Q^k \\ U^k \end{bmatrix}=\frac{1}{A^k}(G^{-1})\cdot\begin{bmatrix} X_{l,p}^{k,1}-C_{l,p}^{1} \\ X_{l,p}^{k,1}-C_{l,p}^{1} \\ X_{l,p}^{k,1}-C_{l,p}^{1} \end{bmatrix} \tag{6.16}$$

其中

$$G=\begin{bmatrix} T^{k,1}\cdot P^{k,1}(\theta)\cdot Z^{k,1}(l)\cdot P_1^{k,1}(\theta,\varphi) & T^{k,1}\cdot P^{k,1}(\theta)\cdot Z^{k,1}(l)\cdot P_2^{k,1}(\theta,\varphi) & T^{k,1}\cdot P^{k,1}(\theta)\cdot Z^{k,1}(l)\cdot P_3^{k,1}(\theta,\varphi) \\ T^{k,2}\cdot P^{k,2}(\theta)\cdot Z^{k,2}(l)\cdot P_1^{k,2}(\theta,\varphi) & T^{k,2}\cdot P^{k,2}(\theta)\cdot Z^{k,2}(l)\cdot P_2^{k,2}(\theta,\varphi) & T^{k,2}\cdot P^{k,2}(\theta)\cdot Z^{k,2}(l)\cdot P_3^{k,2}(\theta,\varphi) \\ T^{k,3}\cdot P^{k,3}(\theta)\cdot Z^{k,3}(l)\cdot P_1^{k,3}(\theta,\varphi) & T^{k,3}\cdot P^{k,3}(\theta)\cdot Z^{k,3}(l)\cdot P_2^{k,3}(\theta,\varphi) & T^{k,3}\cdot P^{k,3}(\theta)\cdot Z^{k,3}(l)\cdot P_3^{k,3}(\theta,\varphi) \end{bmatrix}$$

由解析得到前三个 Stokes 参数 I、Q、U，根据式(6.17)可以进而得到其对应的偏振度和偏振角，由此可以得到地物目标的偏振图像数据。

$$\begin{cases} P=\sqrt{Q^2+U^2}\,/\,I \\ \theta=\dfrac{1}{2}\operatorname{arc\,tan}(U/Q) \end{cases} \tag{6.17}$$

相对于辐亮度和偏振辐亮度来说，反射率和偏振反射率没有量纲，使用起来更加方便，在偏振仿真和大气气溶胶反演方面得到了广泛的应用，本章 6.2 节即使用反射率和偏振反射率进行偏振成像仿真。

反射率 ρ 和偏振反射率 ρ_{P} 与归一化后的 Stokes 参数 I、Q、U、V 有如下关系：

$$
\begin{cases}
\rho = \dfrac{\pi I}{\mu_0 F_0} \\
\rho_{\mathrm{P}} = \dfrac{\pi \sqrt{Q^2 + U^2 + V^2}}{\mu_0 F_0}
\end{cases}
\tag{6.18}
$$

根据上述理论分析，使用配准后的图像可以得到 DPC 航拍的入瞳处前三个 Stokes 参数 I、Q、U 图像和偏振度图像，如图 6.30 所示。从图中可以看出，偏振度图像中地物细节更加明显，利于偏振成像在目标识别的应用。

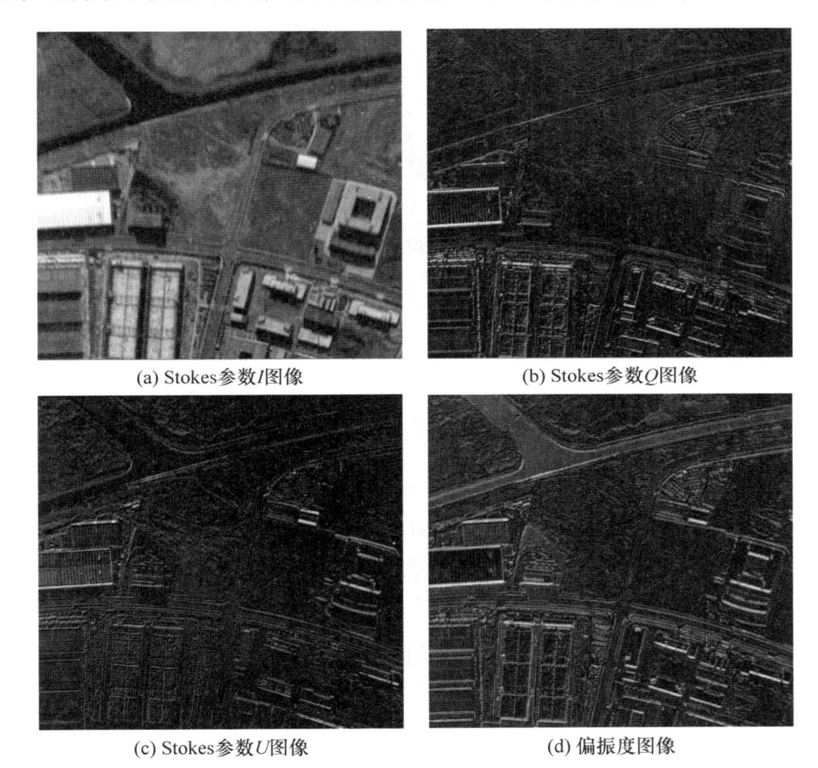

(a) Stokes参数I图像　(b) Stokes参数Q图像

(c) Stokes参数U图像　(d) 偏振度图像

图 6.30　解析得到的 DPC 航拍 670nm 波段的 Stokes 参数和偏振度图像

根据式(6.18)，使用前面解析得到的前三个 Stokes 参数 I、Q、U 图像可以得到表观反射率图像和表观偏振反射率图像，如图 6.31 所示。偏振反射率图像的获得，为航空版 DPC 采集的航拍图像在偏振遥感方面的有效应用打下了基础。

6.3.3　偏振成像仿真评价方法

仿真效果检验需要将仿真图像与实测图像作对比，本书使用多角度偏振成像仪的航空偏振图像进行偏振仿真效果验证。首先按照 6.3.2 节介绍的方法对航空光

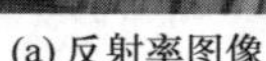

(a) 反射率图像

(b) 偏振反射率图像

图 6.31　解析得到的 DPC 航拍 670nm 波段的偏振参量图像

学遥感偏振成像试验数据进行预处理工作，得到航空偏振反射率图像；然后根据航空偏振图像拍摄时的天气条件和几何条件，利用地面反射率图像，仿真获得了与实测图像相同条件下的偏振反射率图像；最后，将偏振仿真图像和实测图像进行主观目视效果对比，并计算二者的客观评价参数，来检验仿真的有效性。图 6.32 展示了仿真效果检验与评价的技术流程。

主观评价和客观评价是卫星遥感图像仿真精度评价的两种方式。主观评价方法是通过目视效果进行分析，该方法简单、直观，当仿真图像与源图像之间差异比较明显时，主观评价方法可以快速地得出准确判定结果。当仿真图像与源图像之间差异较小时，主观评价方法无法给出准确的判定，有必要提出一些不受主观影响的客观评价方法。客观评价就是利用图像的统计参数进行判定，用客观的、可定量分析的数学模型表达出人对图像的主观感受。

下面主要介绍客观评价的相关方法，包括各种统计参数的相关定义、所表达实际含义、适用范围等。该评价方法为进一步验证光学偏振仿真模型的可靠性、有效性等指标提供参考[75,76]。

1) 灰度直方图

图像灰度直方图描述图像中具有该灰度级的像元个数，它是灰度级的函数。在图像像元的灰度值范围内，设定灰度间隔将灰度值划分为若干等级，用横轴表示灰度级，纵轴表示每一灰度级具有的像元数，即为灰度直方图。

每幅图像都有其自身的灰度直方图，根据直方图的形状，可对图像质量的好坏作出大致的判断。根据原图像和仿真图像的灰度分布情况，可以直观地分析原图像和仿真图像的相似度。

2) 灰度均值

灰度均值(μ)为对图像中所有像元灰度值求和后与总的像元数的比值，它表现的是图像的整体亮度。计算公式为

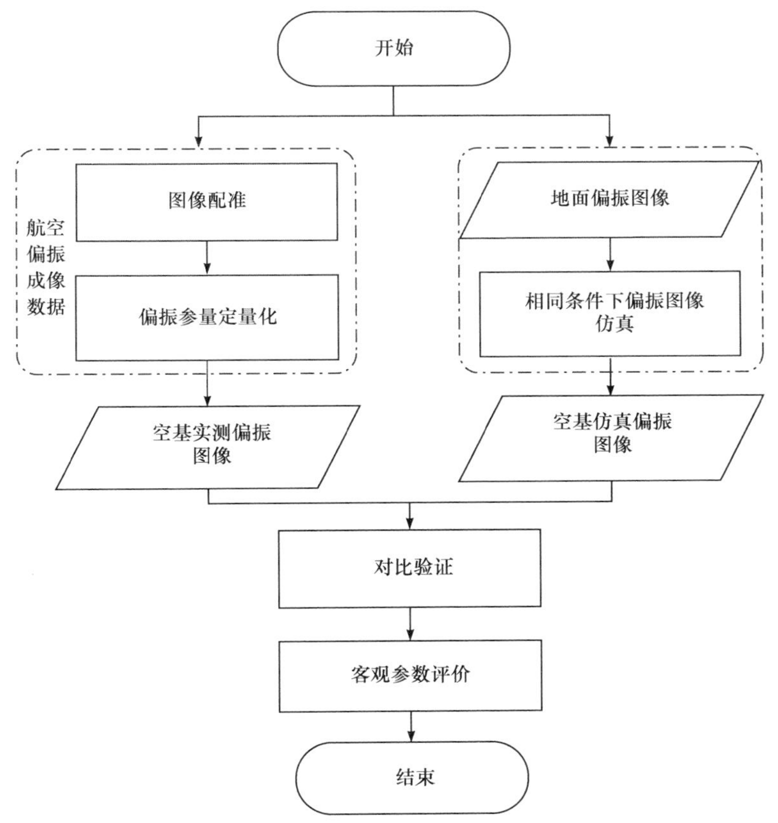

图 6.32　仿真效果检验与评价的技术流程图

$$\mu = \frac{1}{MN}\sum_{i=0}^{M}\sum_{j=0}^{N} f(i,j) \tag{6.19}$$

式中，M 为图像的高，N 为图像的宽，$f(i,j)$ 为图像上(i,j)点的灰度值。

图像灰度均值反映了图像所接收的光能的大小，在人眼中反映为平均亮度。灰度均值太大或太小视觉效果都不好，灰度均值太大，图像发白，灰度均值太小，图像发黑，只有均值适中(如对 8 位图像，灰度均值在 128 左右)，才视觉效果良好。要求仿真图像视觉效果同原图像相近，灰度均值可作为人们对图像视觉效果的一个客观评价量。

3) 灰度方差

灰度方差(σ^2)反映了灰度相对于灰度均值的离散程度，图像灰度层次的大小，计算公式为

$$\sigma^2 = \frac{1}{MN}\sum_{i=0}^{M}\sum_{j=0}^{N}(f(i,j)-\mu)^2 \tag{6.20}$$

式中，M 为图像的高，N 为图像的宽，$f(i,j)$ 为图像上(i,j)点的灰度值，μ 为图像的灰度均值。

同一地区的不同图像，灰度级分布越分散，则方差越大，说明图像中各个灰度级出现概率趋于相同，图像灰度层次较为丰富，从而包含的信息量越趋于最大，图像质量较好。可以用来进一步考察原图像和仿真图像的灰度分布范围，即相对灰度均值的偏离程度。

4) 偏斜度

偏斜度(s)反映图像直方图分布形状偏离平均值周围对称形状的程度，正偏斜度表示不对称边的分布更趋向右边，负偏斜度表示不对称边的分布更趋向左边。计算公式为

$$s=\frac{1}{MN}\sum_{i=0}^{M}\sum_{j=0}^{N}[(f(i,j)-\mu)/\sigma^2]^3 \tag{6.21}$$

其中，M 为图像的高，N 为图像的宽，$f(i,j)$ 为图像上(i,j)点的灰度值，μ 为图像的灰度均值，σ^2 为图像灰度方差。

5) 陡度

陡度(k)表示图像灰度直方图的分布形状是集中在平均值附近还是向两边扩展，陡度越大说明图像灰度的动态范围越窄，图像中目标越容易凸显出来。计算公式为

$$k=\frac{1}{MN}\sum_{i=0}^{M}\sum_{j=0}^{N}[(f(i,j)-\mu)/\sigma^2]^4 \tag{6.22}$$

式中，M 为图像的高，N 为图像的宽，$f(i,j)$ 为图像上(i,j)点的灰度值，μ 为图像的灰度均值，σ^2 为图像灰度方差。

6) 信息熵

香农把信息熵定义为离散随机事件的出现概率，它是信息论中用于度量信息量的一个非常抽象的概念。当一种信息出现概率更高的时候，表明它传播得更远，从信息传播的角度来看，信息熵可以表示信息的价值，可以作为一个衡量信息价值高低的标准。

信息熵是图像灰度值随机性的量度，它表示纹理的复杂程度，代表了图像的信息量。当图像复杂程度高时，信息熵值较大；当图像复杂程度低时，信息熵值较小或为 0。

$$H(X)=H(p_1,p_2,\cdots,p_n)=p(x_i)\log p(x_i) \tag{6.23}$$

式中，$p(x_i)(i=1,2,\cdots,n)$ 是信源第 i 个符号出现的概率。

7) 图像清晰度

清晰度是评价数字图像表达内容清晰程度的重要指标。可采用基于 Robert 模板的清晰度算法对图像质量给出评价，Robert 模板所示如下：

$$R=\begin{bmatrix}2 & -1\\ -1 & 0\end{bmatrix} \tag{6.24}$$

$f(i,j)$ 指像素的灰度值，则 Robert 清晰度计算如下所示：

$$S_{\mathrm{R}}=\begin{bmatrix}f(i,j) & f(i,j+1)\\ f(i+1,j) & f(i+1,j+1)\end{bmatrix}R \tag{6.25}$$

式中，S_{R} 表示 Robert 清晰度，该值越大表示图像清晰度越高。当两幅相同内容的图像作比较时，质量高的图像细节更加丰富、更加清晰，计算得到的清晰度值也越大，反之就越小。

6.3.4　偏振成像仿真评价及验证结果

为了对仿真方法进行验证、仿真效果进行真实性检验，根据实测图像拍摄时的天气条件和几何条件，利用地面反射率图像，仿真获得了与实测图像相同观测条件下的偏振反射率图像，以进行仿真效果评估及验证。图 6.33 为简单场景下仿

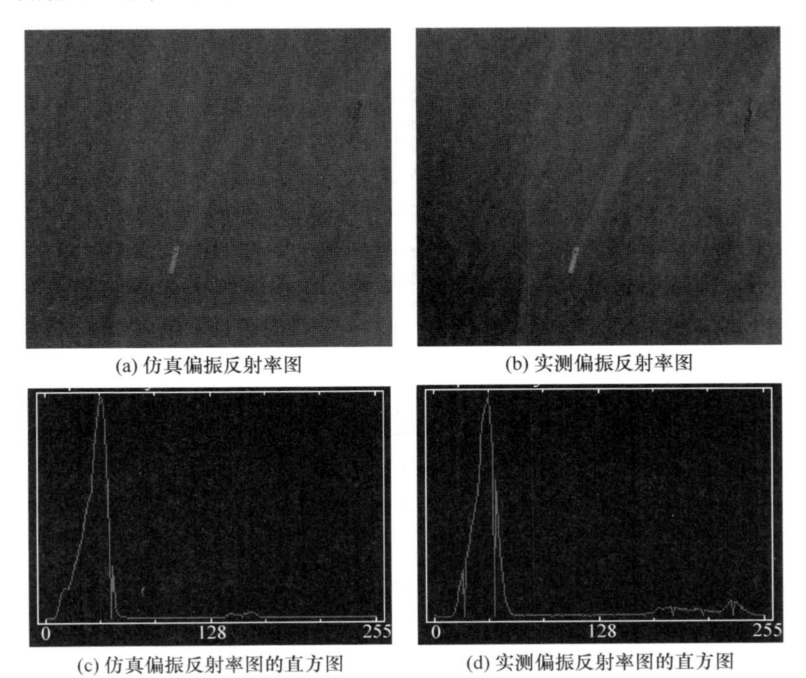

(a) 仿真偏振反射率图　(b) 实测偏振反射率图

(c) 仿真偏振反射率图的直方图　(d) 实测偏振反射率图的直方图

图 6.33　简单场景直方图对比仿真效果评估

真效果评估及验证的仿真图像和实测图像以及它们的直方图。从图像中可以直观地发现，在仿真图像中舰船和海洋背景的灰度分布与实测图像基本一致，灰度直方图形状比较相似。

图6.34为复杂场景下仿真效果评估及验证的仿真图像和实测图像以及它们的直方图。从图像中可以直观地发现，在仿真图像中舰船、道路等典型地物和海洋背景的灰度分布与实测图像基本一致。从直方图中可以发现，仿真图像与实测图像的直方图形状相似，只是实测图像的直方图更加分散，直接说明了仿真结果是可靠、有效的。

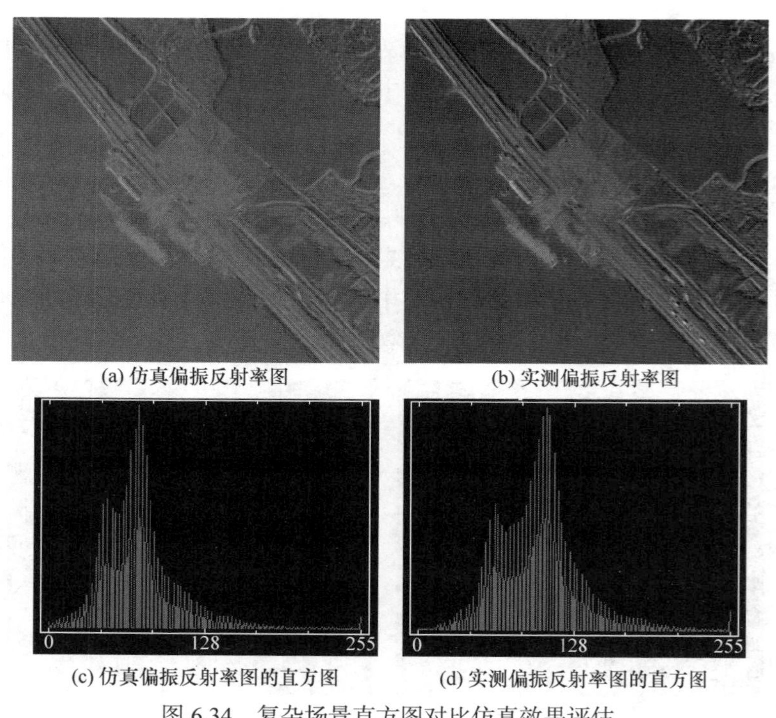

(a) 仿真偏振反射率图　　(b) 实测偏振反射率图

(c) 仿真偏振反射率图的直方图　　(d) 实测偏振反射率图的直方图

图 6.34　复杂场景直方图对比仿真效果评估

为了定量检验仿真效果，我们分别计算了简单场景和复杂场景仿真偏振反射率图像和航空拍摄获得的偏振反射率图像的方差、信息熵和清晰度，结果如表 6.3 所示。从表 6.3 中可以看出，一方面，相对于简单场景图像，复杂场景图像的方差、信息熵和清晰度都普遍较大；另一方面，无论简单场景还是复杂场景，偏振仿真图像与实测偏振图像的方差、信息熵和清晰度均比较接近，进一步说明仿真图像与实测图像具有较好的一致性，验证了偏振成像仿真结果的真实性。

表 6.3　偏振仿真效果定量评价结果

示例	图像	方差	信息熵	清晰度
简单场景示例	实测图像	760.42	3.86	22.10
	仿真图像	675.36	3.48	18.32
复杂场景示例	实测图像	1562.14	7.01	38.59
	仿真图像	1441.26	6.95	34.27

另外,提取了复杂场景示例中仿真图像与实测图像一些特征点的偏振反射率,并计算了它们的相对误差，如表 6.4 所示。从表中可以看出，仿真图像与实测图像中典型目标舰船和背景海水的偏振反射率的相对误差大都在 6%以内，仅个别大于 6%，但也不大于 9%，这定量地说明了偏振成像仿真过程的有效性，检验了仿真结果的可靠性、真实性。典型目标舰船和背景海水的偏振反射率有较大的差别，这说明舰船目标可以容易地从海洋背景中识别出来。

表 6.4　参考图像和仿真图像的典型目标物或背景的偏振反射率对比

目标名称	像元	仿真图像偏振反射率/%	参考图像偏振反射率/%	相对误差/%
舰船头部 1	(105,187)	2.337	2.480	5.766
舰船头部 2	(113,200)	2.231	2.311	3.462
舰船头部 3	(125,209)	2.502	2.534	1.263
舰船甲板 1	(130,222)	2.952	2.793	5.693
舰船甲板 2	(138,232)	2.941	2.849	3.229
舰船甲板 3	(158,246)	3.161	2.950	7.152
海水 1	(19,153)	1.841	2.008	8.316
海水 2	(88,252)	1.663	1.792	7.198
海水 3	(230,345)	1.512	1.461	3.491

对于地基水平观测偏振成像仿真方法和结果的验证部分，是根据偏振相机的波段设置(670nm 波段),观测时的大气条件(能见度为 10km)和观测距离(1km),通过仿真获得与实际观测条件相同的偏振度图像，并与实测偏振度图像进行对比，从而进行仿真效果检验。图 6.35 为实测图像和仿真图像的对比图，从图中可以看出，实测图像和仿真图像目视结果基本一致。另外，使用式(6.2)计算了两幅图像的对比度，分别 0.304 和 0.321，从定性和定量两方面验证了仿真结果的有效性。

(a) 实测偏振度　　(b) 仿真偏振度

图 6.35　偏振仿真结果对比图

6.4 小　结

本章对偏振探测数值仿真和偏振成像仿真，以及海洋背景和陆表环境下均实现了不同大气条件和不同几何条件下的偏振成像仿真。仿真结果表明：①大气对偏振探测的影响是显著的，在同等条件下，偏振图像比强度图像有更好的识别水平；②偏振图像与观测几何条件相关，可通过计算选择最优的观测条件，提高探测水平。

对偏振和强度仿真结果定量的对比表明：在相同的条件下，大气能见度对偏振成像对比度的影响较弱，特别是当能见度较低，或者在后向散射条件下，或者在某些特定方向上，表现更为突出。此外，偏振成像清晰度对观测方向较为敏感，根据这一属性，仿真分析可指导航天传感器选择特定的方向进行偏振探测，进而充分发挥偏振成像的优势，提升雾霾条件下航天对地遥感的目标识别能力。

另外，本章通过开展偏振成像仿真验证实验，从定性和定量两个方面将偏振仿真图像与实测偏振反射率图像进行了对比。结果表明：仿真图像与实测图像的直方图形状十分接近，二者的方差、信息熵、清晰度和对比度均具有较好的一致性；参考图像和仿真图像中典型目标舰船和背景海水的偏振反射率的相对误差大都在 6%以内，这说明了偏振成像仿真的有效性，检验了仿真结果的真实性。

参考文献

[1] Clarke D, Grainger J F. Polarized light and optical measurement. Oxford: Pergamon Press, 1971.

[2] Azzam R M A, Bashara N M. Ellipsometry and polarized light. Netherlands: North-Holland Publishing Company, 1997.

[3] 廖延彪. 偏振光学. 北京: 科学出版社, 2003.

[4] Namer E, Schechner Y. Advanced visibility improvement based on polarization filtered images//Proceedings of SPIE, 2005, 5888:1.

[5] Lee J K, Shen J T, Heifetz A, et al. Eikonal equation for partially coherent fields. Optics Communications, 2006, 259: 484.

[6] 孙晓兵, 乔延利, 洪津. 可见和红外偏振遥感技术研究进展及相关应用综述. 大气与环境光学学报, 2010, 5(3): 175-189.

[7] 邵卫东, 王培纲, 王桂平, 等. 分光偏振计技术研究. 中国激光, 2003, 30(1): 60-64.

[8] Cairns B, Mishchenko M, Marring H, et al. Accurate monitoring of terrestrial aerosols and total solar irradiance: The NASA Glory mission//Proceedings of SPIE, 2010: 78260U.

[9] Persh S, Shaham Y J, Benami O, et al. Ground performance measurements of the Glory Aerosol Polarimetry Sensor//Proceedings of SPIE, 2010, 7807: 780703.

[10] Mishchenko M I, Cairns B, Hansen J E, et al. 2004. Monitoring of aerosol forcing of climate from space: analysis of measurement requirements [J]. Journal of Quantitative Spectroscopy and Radiative Transfer, 88:149-161.

[11] Diner D J, Davis A, Hancock B, et al. First results from a dual photoelastic-modulator-based polarimetric camera. Applied Optics, 2010, 49(15): 2929-2946.

[12] Tyo J S, Goldstein D L, Chenault D B, et al. Review of passive imaging polarimetry for remote sensing applications. Applied Optics, 2006, 45(22): 5453-5469.

[13] Breon F M, Deschamps P Y. Optical and physical parameter retrieval from POLDER measurements over the ocean using an analytical model. Remote Sensing of Environment, 1993, 43(2): 193-207.

[14] André Y, Laherrère J M, Bret-Diabat T, et al. Instrumental concept and performances of the POLDER instrument//Proceedings of SPIE, 1995, 2572: 79-90.

[15] Leroy M, Lifermann A. The POLDER instrument onboard ADEOS: scientific expectations and first results. Advances in Space Research, 2000, 25(5): 947-952.

[16] Weidemann A, Foumier G R, Forand L, et al. In harbor underwater threat detection/identification using active imaging. Photonics for Port and Harbor Security//Proceedings of SPIE-The International Society for Optical Engineering, 2005, 5780: 14.

[17] Nothdurft R, Yao G. Applying the polarization memory effect in polarization-gated subsurface imaging. Optics Express, 2006, 14(11): 4656-4661.

[18] Harsdorf S, Reuter R, et al. Contrast-enhanced optical imaging of submersible targets//Proceedings of SPIE, 1999, 3821: 378-382.

[19] Schechner Y Y, Karpel N. Recovery of underwater visibility and structure by polarization analysis. IEEE Journal of Oceanic Engineering, 2006, 30(3): 570-587.

[20] 刘晓, 薛模根, 王峰, 等. 基于红外偏振特性的水面溢油检测实验研究. 红外与激光工程, 2008, 37: 597-600.

[21] Tyo J S, Goldstein D L, Chenault D B, et al. Review of passive imaging polarimetry for remote sensing applications. Applied Optics, 2006, 45(22): 5453-5469.

[22] Priest R G, Meier S R. Polarimetric microfacet scattering theory with applications to absorptive and reflective surfaces. Optical Engineering, 2002, 41(5): 988-993.

[23] Goldstein D H. Polarimetric characteristic of federal standard paints //Proceedings of SPIE, 2000, 4133: 112-123.

[24] Gurton K, Felton M, Mack R, et al. MidIR and LWIR polarimetric sensor comparison study//Proceedings of SPIE, 2010, 7664: 1-14.

[25] Hors L L, Hartemann P, Dolfi D, et al. A phenomenological model of paints for multispectral polarimetric imaging//Proceedings of SPIE, 2001, 4370: 94-105.

[26] Breon F M, Tanre D, Lecomte P. Polarized reflectance of bare soils and vegetation measurements and models. IEEE Transactions on Geoscience and Remote Sensing, 1995, 33(2): 487-490.

[27] Waquet F, Leon J F, Cairns B, et al. Analysis of the spectral and angular response of the vegetated surface polarization for the purpose of aerosol remote sensing over land. Applied Optics, 2009, 48(6): 1228-1236.

[28] Rondeaux G, Herman M. Polarization of light reflected by crop canopies. Remote Sensing of Environment, 1991, 38(1): 63-75.

[29] Breon F M, Tanre D, Lecomte P, et al. Polarized reflectance of bare soils and vegetation: Measurements and models[J]. IEEE Transactions on Geoscience and Remote Sensing, 1995, 33(2): 487-499.

[30] Cox C, Munk W. Measurement of the roughness of the sea surface from photographs of the sun's glitter. Journal of the Optical Society of America, 1954, 44(11): 838-850.

[31] Nadal F, Breon F M. Parameterization of surface polarized reflectance derived from POLDER spaceborne measurements. IEEE Transactions on Geoscience and Remote Sensing, 1999, 37(3): 1709-1718.

[32] Maignan F, Breon F M, Fedele E, et al. Polarized reflectances of natural surfaces: Spaceborne measurements and analytical modeling. Remote Sensing of Environment, 2009, 113(12): 2642-2650.

[33] 日本遥感研究会. 遥感精解. 刘勇卫, 贺雪鸿, 译. 北京: 测绘出版社, 1993.

[34] 王一达, 沈熙玲, 谢炯. 遥感图像分类方法综述. 遥感信息, 2006, 5: 67-71.

[35] 彭望琭. 遥感数据的计算机处理与地理信息系统. 北京: 北京师范大学出版社, 1991.

[36] 朱述龙, 张占睦. 遥感图像获取与分析. 北京: 科学出版社, 2000.

[37] James J, Timothy J, et al. An improved hybrid clustering algorithm for natural sciences. IEEE

Transaction on Geoscience Remote Sensing, 2000, 38(2): 1016-1032.

[38] 徐庆伶. 基于半监督学习的遥感图像分类研究. 陕西师范大学硕士学位论文, 2010.

[39] Litvinov P, Hasekamp O, Cairns B. Models for surface reflection of radiance and polarized radiance: Comparison with airborne multi-angle photopolarimetric measurements and implications for modeling top-of-atmosphere measurements. Remote Sensing of Environment, 2011, 115: 781-792.

[40] Ediriwickrema J, Khorram S. Hierarchical maximum-likelihood classification for improved accuracies. IEEE Transaction on Geoscience Remote Sensing, 1997, 35(4): 810-816.

[41] Kenneth R. Castleman. Digital Image Processing. Upper Saddle River: Prentice Hall, 1996.

[42] Rosenfeld A. Digital Picture Analysis. Berlin: Springer Verlag, 1976.

[43] Fu K S, Young T Y. Handbook of pattern recognition and image processing. New York: Academic Press, 1986.

[44] 邵晓鹏. 红外纹理生成方法研究. 西安电子科技大学博士学位论文, 2005.

[45] 刘缨. 建筑物三维模型自动生成软件设计与实现. 东北大学硕士学位论文, 2009.

[46] 向南平, 江资斌, 左廷英. Open GL 中 Maya 模型的应用. 微型电脑应用, 2002, 18(10): 29-31.

[47] Liou K N. An Introduction to Atmospheric Radiation. 2nd ed. New York: Elsevier Science. 2002.

[48] Hansen J E, Travis L D. Light scattering in planetary atmospheres. Space Science Reviews, 1974, 16(4): 527-610.

[49] 新谷隆一. 偏振光. 范爱英, 康昌鹤, 译. 北京: 原子能出版社, 1994.

[50] Ångström A. On the atmospheric transmission of sun radiation and on dust in the air. Geografiska Annaler, 1929, 11: 156-166.

[51] 周秀骥. 高等大气物理学. 北京: 气象出版社, 1991.

[52] Wiscombe W J. The Delta-M method: rapid yet accurate radiative flux calculations for strongly asymmetric phase functions. Journal of Atmospheric Sciences, 1977, 34(9): 1408-1422.

[53] Hu Y X, Wielicki B, Lin B, et.al. δ-Fit: A fast and accurate treatment of particle scattering phase functions with weighted singular-value decomposition least-squares fitting. Journal of Quantitative Spectroscopy and Radiative Transfer, 2000, 65(4): 681-690.

[54] Vermote E F, Tanre D, Deuze J L, et al. Second simulation of a satellite signal in the solar spectrum-vertor(6SV). User Guide Version 3 (Laboratoire d'Optique Atmospherique, France), 2006.

[55] Stamnes K, Tsay S C, Wiscombe W, et al. Numerically stable algorithm for discrete-ordinate-method radiative transfer in multiple scattering and emitting layered media. Applied Optics, 1988, 27(12): 2502-2509.

[56] Weng F. A multi-layer discrete-ordinate method for vector radiative transfer in a vertically-inhomogeneous, emitting and scattering atmosphere-I. Theory. Journal of Quantitative Spectroscopy and Radiative Transfer, 1992, 47(1): 19-33.

[57] Weng F. A multi-layer discrete-ordinate method for vector radiative transfer in a vertically-inhomogeneous, emitting and scattering atmosphere-II. Application. Journal of Quantitative Spectroscopy and Radiative Transfer, 1992, 47(1): 35-42.

[58] 康晴, 李健军, 陈立刚, 等. 大动态范围可调线性偏振度参考光源检测与不确定度分析.

光学学报, 2015, 35(4): 0412003.
[59] 崔岩, 赵金勇, 关乐, 等. 黄海海域天空光偏振分布仿真与测试. 光学学报, 2017, 37(10): 1001004.
[60] 徐捷, 葛宝臻. 单颗粒光散射偏振特性模拟分析. 光学学报, 2019, 39(4): 0429001.
[61] 崔岩, 谢楠, 张西光, 等. 东海海域的天空光偏振及子午线研究. 激光与光电子学进展, 2018, 55(10): 102901.
[62] 刘晓, 易维宁, 乔延利, 等. 基于低空遥感系统的星载光学遥感器成像仿真. 红外与激光工程, 2014, 43(1): 217-225.
[63] Priest R G, Germer T A. Polarimetric BRDF in the Microfacet Model: Theory and Measurements. Proceedings of the 2000 meeting of the Military Sensing Symposia Specialty Group on Passive Sensors, Ann Arbor, 2000: 169-181.
[64] 史泽鹏, 马友华, 王玉佳, 等. 遥感影像土地利用/覆盖分类方法研究进展. 中国农学通报, 2012, 28(12): 273-278.
[65] 丁国歌. 面阵 CCD 相机仿真系统研究. 中国科学院合肥物质科学研究院硕士学位论文, 2013.
[66] 陈立刚. 宽视场航空偏振成像仪的实验室定标研究. 中国科学院合肥物质科学研究院博士学位论文, 2008.
[67] 孙晓兵, 洪津, 乔延利, 等. 卫星大气多角度偏振遥感系统方案研究. 大气与环境光学学报, 2006, 1(3): 198-201.
[68] 彭真明, 张启衡, 魏宇星, 等. 基于多特征融合的图像匹配模式. 强激光与粒子束, 2004, 16(3): 281-285.
[69] Sawhney H S, Kumar R. True multi-image alignment and its application to mosaicing and lens distortion correction. IEEE Trans. Pattern Analysis and Machine Intelligence, 1999, 21: 235-243.
[70] 孙远, 周刚慧, 赵立初, 等. 灰度图像匹配的快速算法. 上海交通大学学报, 2000, 34(5): 702-704.
[71] Mount D M, Netanyahu N S, Moigne J L. Efficient Algorithm for Robust Feature Matching. Pattern Recognition, 1999, 32: 17-38.
[72] Reddy B S, Chatterji B N. An FFT-based technique for translation rotation, and scale-invariant image registration. IEEE Trans on Image Processing. 1996, 3(8): 1266-1271.
[73] Toubbe B, Bailleul T, Deuze J L, et al. In-flight calibration of the POLDER polarized channels using the sun's glitter. IEEE Transactions on Geoscience and Remote Sensing, 1999, 37(1): 513-525.
[74] 胡方明. 光电成像系统建模及性能评估技术研究. 西安电子科技大学博士学位论文, 2005.
[75] 刘晓, 易维宁, 乔延利, 等. 基于低空遥感系统的星载光学遥感器成像仿真. 红外与激光工程, 2014, 43(1): 217-225.